面向文物的三维信息可视化关键技术研究

杨丽萍 著

U0196012

西北工业大学出版社

西安

图书在版编目(CIP)数据

面向文物的三维信息可视化关键技术研究 / 杨丽萍
著. —西安:西北工业大学出版社,2024.5
ISBN 978 - 7 - 5612 - 9305 - 8

Ⅰ. ①面… Ⅱ. ①杨… Ⅲ. ①三维-可视化仿真-应
用-文物-研究 Ⅳ. ①TP391.92 ②K86

中国国家版本馆 CIP 数据核字(2024)第 111934 号

MIANXIANG WENWU DE SANWEI XINXI KESHIHUA GUANJIAN JISHU YANJIU
面 向 文 物 的 三 维 信 息 可 视 化 关 键 技 术 研 究
杨丽萍　著

责任编辑:万灵芝	策划编辑:黄　佩
责任校对:胡莉巾	装帧设计:高永斌　郭　伟

出版发行:西北工业大学出版社
通信地址:西安市友谊西路 127 号　　邮编:710072
电　　话:(029)88491757,88493844
网　　址:www.nwpup.com
印 刷 者:西安五星印刷有限公司
开　　本:787 mm×1 092 mm　　1/16
印　　张:6.625　　　　　　　彩插:2
字　　数:153 千字
版　　次:2024 年 5 月第 1 版　　2024 年 5 月第 1 次印刷
书　　号:ISBN 978 - 7 - 5612 - 9305 - 8
定　　价:36.00 元

前　言

本书深入研究和分析了三维信息可视化的各项关键技术,利用这些关键技术实现了模型的三维重建、模型的简化、模型的绘制、模型的纹理映射与特征信息提取,对比分析了各种算法的优缺点,提出了一种基于顶点聚类的新简化算法,提高了简化质量。最后基于以上研究开发了一个三维信息可视化系统。

本书具体分为 6 章,分别为绪论、三维重建、模型简化、基于视点的 LOD 绘制、纹理映射与特征信息提取、面向文物的三维信息可视化实用系统开发。第 1 章是绪论,主要介绍了文物三维信息可视化的意义及一般处理流程。第 2 章是三维重建,主要介绍了 4 种不同的建模方法,即 Delaunay 三角剖分建模、移动立方体(Marching Cubes,MC)方法建模、移动四面体(Marching Tetrahedra,MT)方法建模、剖分立方体(Dividing Cubes)方法建模。其中,分析了 Delaunay 三角剖分建模有时会产生洞的原因,探讨了如何选取适当的 α 值才能提高建模质量;分析了 MC 算法中连接方式产生二义性的原因及消除二义性的方法;通过实验数据验证了上述两种算法的可行性,取得良好的建模效果;在 MT 方法中首先将立方体的体元剖分为四面体,然后在其中构造等值面,构造的等值面的精度更高,同时,在四面体内构造等值面可以避免 MC 方法中存在的二义性问题;对于数据场密度值很高的图像可以采用剖分立方体方法建模,该方法采用绘制表面点而不是绘制体元内等值面的办法来绘制整个等值面,可以大量节省计算时间。第 3 章是模型简化,提出了一种基于顶点聚类的新简化算法,通过引入二次误差测度求解网格单元的最优代表点,提高简化质量;分析并实现了迭代收缩(Progressive Mesh,PM)简化算法;对文物模型应用这两种算法进行简化,取得了良好的简化结果。第 4 章是基于视点的 LOD 绘制,设计了一种多分辨率数据结构,实现了基于视点的模型多分辨率实时绘制,使得模型的分辨率可以随着注视点位置的变化而发生变化,在不影响实时绘制的前提下,满足了观察者对局部细节的要求。第 5 章是纹理映射与特征信息提取,建立了几何模型与纹理图像映射关系,实现了非参数化三维模型的纹理映射,使得模型具有照片真实感;给出了特征线、轮廓线、表面法向量以及切割剖面等特征信息提取方法,并提取出模型的这些特征信息,为进一步分析模型特征提供了必要的基础。第 6 章是面向文物的三维信息可视化实用系统开发,在深入研究以上三维信息可视化关键技术的基础上，开发了一个面向文物的三维信息可视化系统（3D SuperModelling1.0），可以实现文物三维数据几何重建、模型简化、模型多分辨率实时绘制、纹理映射、特征信息提取等多个功能。

本书涵盖了三维信息可视化领域的关键技术，详细介绍了各种算法的原理及实现过程，适合于从事相关研究的科研人员和高校教师阅读。

在撰写本书的过程中，参考了相关文献资料，在此向其作者深表谢意。

由于笔者水平有限，书中难免存在不足之处，恳请读者批评指正。

著　者

2023 年 10 月

目　　录

第 1 章　绪论 ……………………………………………………………… 1

1.1　科学计算可视化的含义 ………………………………………… 1

1.2　文物三维信息可视化的意义 …………………………………… 1

1.3　面向文物的三维信息可视化一般处理流程 …………………… 3

1.4　国内外研究现状 ………………………………………………… 4

1.5　本书的主要工作 ………………………………………………… 4

第 2 章　三维重建 ………………………………………………………… 7

2.1　三维建模前的预处理 …………………………………………… 7

2.2　三维建模方法 …………………………………………………… 8

第 3 章　模型简化 ………………………………………………………… 50

3.1　模型简化的意义 ………………………………………………… 50

3.2　模型简化方法的分类 …………………………………………… 50

3.3　改进的顶点聚类算法 …………………………………………… 50

3.4　PM 算法 ………………………………………………………… 54

3.5　两种算法的比较 ………………………………………………… 61

3.6　基于半边缘折叠的快速网格简化算法 ………………………… 62

第 4 章　基于视点的 LOD 绘制 ………………………………………… 65

4.1　引言 ……………………………………………………………… 65

4.2　多分辨率数据结构 ……………………………………………… 66

4.3　基于视点的细化区域的定义 …………………………………… 81

4.4　基于视点的 LOD 算法 ………………………………………… 83

第 5 章　纹理映射与特征信息提取 ……………………………………… 86

5.1　纹理映射技术的研究背景 ……………………………………… 86

5.2　文物模型纹理映射的特点 ……………………………………… 86

5.3 纹理映射的实现 ………………………………………………………… 87

5.4 特征信息提取 ………………………………………………………… 88

第6章 面向文物的三维信息可视化实用系统开发 ……………………… 93

6.1 系统的结构与功能 ………………………………………………… 93

6.2 系统的输入与输出 ………………………………………………… 94

6.3 开发环境与系统界面 ……………………………………………… 95

参考文献 ……………………………………………………………………… 96

第1章 绪 论

1.1 科学计算可视化的含义

科学计算可视化是指运用计算机图形学和图像处理技术,将科学计算过程中的数据及计算结果数据转换为图形及图像在屏幕上显示出来,并进行交互处理的理论、方法和技术。随着技术的发展,科学计算可视化的含义已经大大扩展。它不仅包括科学计算数据的可视化,也包括工程计算数据的可视化,如有限元分析结果等,还包括测量数据的可视化,如用于医疗领域的计算机断层扫描数据及核磁共振数据的可视化、三维激光扫描数据的可视化等都是比较活跃的研究领域。

科学计算可视化将图形生成技术和图像理解技术结合在一起,既可以解释输入计算机的图像数据,也可以将复杂的多维数据转化为直观的图形和图像,以便研究人员能够更好地理解和分析数据。科学计算可视化的实现可以大大加快数据的处理过程,使科学家们了解到在计算过程中发生了什么现象,并通过改变参数,观察其影响,对计算过程实现引导和控制。可视化的数据一般来源于经济、商业、金融等领域,数据可视化的方法就是将它们对应到二维或三维空间中,通过在空间场中对大量数据的展示,帮助人们管理、利用、认知这些数据及其规律。

1.2 文物三维信息可视化的意义

传统的绘图、照相、摄影以及文字记录手段限于技术水平,只能获得三维物体的二维影像,无法准确而详细地记录文物的几何信息和三维形态,不能为后来的研究、展示等应用需求提供完整的资料。信息技术的发展及全站仪、GPS、数字相机等一些新技术手段在考古发掘中的广泛应用,在一定程度上提高了文物信息获取的能力。但是,这些手段仅仅满足了文物信息采集的某一个或某几个层面的需求。三维数字建模技术是近年来发展起来的一项高新技术,它通过高速激光扫描测量的方法以被测对象的采样点集合——"点云"的形式获取物体或地形表面的阵列式几何图像数据,然后对该数据进行处理。激光扫描可以快速、大量地采集空间点位信息,为快速、精确地获取物体的三维信息,并进而建立起科学准确的数据模型提供了一种全新的技术手段。正是基于这些优点,三维数字建模技术已广泛地应用于航天、航空、水利、制造等诸多领域。近年来,在文物考古领域也开展了一系列三维数字建模技术应用实践工作,如故宫博物院正在开展的古建筑数字建模项目,洛阳龙门石窟研究院利用三维技术建立数字档案,等等。这些实践工作对于三维数字建模技术在文物考古领域的进一步深入开展都是有益的探索和实践。而秦俑二号坑遗址三维数字建模项目的工作实践表明,在考古发掘与文物保护工作的同时,引入三维数字建模技术,对考古遗址的相关信息进行同步采集和处理,进而建立数字模型,不仅可以满足考古发掘过程中科学、准确获取遗址各类信息的要求,同时也为后期研究、保护、考古资源管理、公众教育等奠定了重要的基础。

三维信息提取与可视化可以将三维空间数据用图形或图像形象、直观地显示出来,可以将复杂抽象的数据形象化、直观化,因而许多抽象的、难以理解的原理和规律变得容易理解。利用激光扫描仪获取到的深度数据进行场景的三维重建在数字古建、文物保存等领域具有广阔的应用前景。随着三维建模技术的不断发展,目前已经可以重建出具有准确几何信息和照片真实感的三维模型,而三维模型在文物保护中发挥着重要作用,它可以完整反映真实物体的三维几何信息。对于一些珍贵的文物,由于年代久远面临着风化、碎裂、受潮变形等危险,建立它们精确的三维模型是十分必要的。地下文物三维模型的重建在考古应用方面更有重要的意义,其可以辅助考古学家分析考古遗址的情况,从而有效地对文化遗产进行数字化、展示及保护,为文物的数字测绘、辅助修复、管理以及虚拟现实等拓展应用提供最基础的支撑。

通过三维信息可视化的开发,不仅可以通过新鲜有趣的数字化形式把文化遗产展示给观众,而且可以使中华文化遗产所蕴含的文化价值得到更加广泛的传播。同时,生成的文物模型可以广泛应用于电影电视、艺术片、纪录片、文教宣传片、游戏、杂志等文化传媒产品中,成为一种新的传播载体。三维是可视化发展的趋势,从特别严谨的工业、工程应用到游戏、影视、娱乐等文化产业内容中,我们都看到了由二维到三维的趋势。可视化信息,尤其三维信息展示,是今后信息使用的主要方向。

在文物保护领域,重建出珍贵文物的三维模型,可以在不直接接触文物的情况下了解文物的细节。对于考古工作者,由于文物资源有限,不可能掌握相关领域的所有文物资源,就可以利用文物的三维模型来辅助研究。三维模型可以记录物体表面的精确几何信息,有助于模型的形态分析和几何测量。例如:通过对多个不同头颅骨模型的分析,可以总结出在人类进化的不同阶段头颅骨的形态变化过程。文物的三维模型能够真实再现文物的特征与形态,可以利用大量的文物模型建立数字博物馆,使参观者通过虚拟场景漫游(不用面对真实文物),从各个角度去欣赏历史文物瑰宝,并有身临其境的感觉,同时有助于保护文物原件。文物三维模型可以为文物保存一份完整、真实的数据记录,在文物意外受损时,可以根据这些真实数据进行修复和完善。

1.3　面向文物的三维信息可视化一般处理流程

文物三维信息可视化包括三维信息提取、几何重建、模型简化、多分辨率实时绘制、纹理映射、特征信息提取等多个方面,基本处理流程如图 1.1 所示。

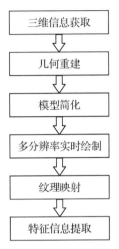

图 1.1　面向文物的三维信息可视化处理流程

第一步是获取文物的三维数据,这是其后各步的基础。本书选用高精度三维激光扫描仪 Vivid9i 来获取文物的三维数据。Vivid9i 主要用于扫描小型物体,扫描精度高,满足我们对文物数据获取的要求。

第二步是对三维数据进行几何重建。文物建模与大型场景建模有着明显的不同之处,大型场景的特征是数据量大、物体中包含大量平面,所以在建模时,可以先对点云数据进行分割,将位于同一平面上的点云直接拟合成一个平面片,再对其余部分进行三角形构网,这样可以提高建模速度。而文物中一般很少包含平面片,而且曲率变化比较明显,建模时需要着重突出模型的细节部分。

第三步是模型简化。经建模方法初次构建的表面几何模型包含的三角面片数量巨大,难以实现实时绘制,需要对模型进行简化,模型经简化后,存储空间减少,绘制时间缩短,可以提高实时绘制能力。文物模型简化有其特殊的要求:简化后模型的重要细节部分还应该适当保留,而且要能够很好地保持边缘部分的几何特征,模型的整体结构必须与原始模型保持一致。现有的简化算法很多,每一种算法都有其适用范围,针对文物模型简化的要求,选择合适的简化算法很重要。本书设计了一种新的简化算法,应用于实验数据后得到了较高质量的简化模型。

第四步是多分辨率实时绘制。模型简化大大提高了实时绘制能力。但简化模型的各个部位的分辨率相同,有时观察者可能只对模型的某一部分感兴趣,如果整个模型采用相同的较高分辨率就会影响实时绘制。可以对模型的不同部位采用不同的分辨率,只对感兴趣的部位采用高分辨率,其余部分均采用低分辨率,在不影响实时绘制的前提下,满足观察者对局部细节的要求。

第五步是纹理映射。与一般场景纹理映射相比,文物模型纹理映射具有特殊性。首先,文物模型表面曲率变化一般比较明显,不能直接实现曲面的参数化,这为实现纹理映射增加了难度。其次,文物模型需要添加真实的纹理信息才具有一定的观赏和研究价值,而且几何模型与纹理图像之间必须精确对应才能还原真实的文物。

第六步是特征信息提取。在很多情况下,一些珍贵的文物不能随意展示,需要制作模型的仿制品。在仿制品制作中,需要分析文物的特征线与轮廓线等重要信息,最好的方法是在建模基础上提取出这些信息。文物研究者常常需要分析文物的内部结构,计算文物的体积、周长等属性信息,如果能实现用任意方向的平面对模型进行剖切并提取出剖面,这些问题就可以在不损坏文物的前提下得到解决。

1.4 国内外研究现状

三维模型有多种表示形式,如利用长方体等基本体素进行布尔运算来构造复杂三维几何体的 CSG 表示形式,用非均匀有理 B 样条(NURBS)等基于 Bernstein 基函数的样条曲面表示形式,用二值化的三维数组对模型几何特征进行描述的体素化表示形式等。其中最基本的表示形式是利用大量多边形或三角形来逼近真实三维物体,这种表示形式最直观、处理效率最高。现有的三维数字化方法有以下三大类:

第一类是依靠三维美工进行手工建模,这种方法显然无法满足客观性要求,而且工作量非常大,对美工的要求也很高。

第二类是基于计算机视觉的三维数字化。目前该方法有一个很大的瓶颈:需要在拍摄时规定相机严格使用确定的基线和镜头。在多数情况下,该条件无法满足,这限制了基于计算机视觉三维重建技术的发展(比如对于不可移动的物体,大部分时候,实拍过程中相机会因场地而受限),而且这类方法自动化程度较低,需要较多的人工干预。

第三类是使用 3D Scanner 进行三维扫描。该方法能够准确地获取目标的三维形状,而且随着三维扫描技术的不断发展,可以将 3D Scanner 与 CCD 数码相机结合使用,在获取物体三维信息的同时也能够获取物体的真实纹理信息,从而可以重建出更具真实感的三维模型。因此,这类方法被广泛使用。

1.5 本书的主要工作

1.5.1 选题背景

本书是国家"十五"科技攻关专题项目"考古探测 GIS 与信息提取实验研究"的重要成果,主要对三星堆和金沙精美文物进行可视化处理研究。

1.5.2 数据来源

本书研究文物可视化所使用的数据是由探测仪器对真实文物进行扫描获得的。探测仪器一般分为接触式和非接触式两种。接触式探测仪器采用接触式的传感器,需要与被测物体直接接触才能获取数据;非接触式探测仪器利用激光的传播性质进行测距,测量效率很高,而且不需要与物体表面直接接触。由于本书主要是面向文物的研究,为了便于保护被测文物,我们选用实验室的非接触式探测仪器 Vivid9i 来获取所需的实验数据,仪器如图 1.2 所示。用测距仪获取的三维数据是以真实物体表面的采样点云的形式存储的。图 1.3 就是用 Vivid9i 获取的小文物的采样点云数据。

图 1.2 Vivid9i

图 1.3 点云数据

Vivid9i 用于扫描小型物体,它的技术参数如表 1.1 所示。

表 1.1 Vivid9i 探测仪的技术参数

测量距离	0.6～1.0 m(标准模式);0.5～2.5 m(扩展模式)
测量区域(X,Y,Z)	93 mm×69 mm×26 mm～1 495 mm×1 121 mm×1 750 mm
激光等级	Class Ⅱ(IEC 60825-1), Class Ⅰ(FDA)
测量原理	三角测量法
扫描时间	2.5 s
精确度	望远 XYZ:±0.05 mm/±0.10 mm 中焦 XYZ:±0.10 mm/±0.20 mm 广角 XYZ:±0.20 mm/±0.40 mm

1.5.3 本书主要内容

本书详细介绍了三维信息可视化的几种关键技术,包括三维重建、模型简化、实时绘制、纹理映射、模型的特征信息提取等,共包含 6 章内容。第 1 章为绪论部分,详细论述了文物三维信息可视化的重要意义以及国内外在这一领域的研究现状。第 2 章研究并实现了 4 种不同的建模方法,即 Delaunay 三角剖分建模、Marching Cubes(MC)方法建模、Marching Tetrahedra(MT)方法建模、剖分立方体(Dividing Cubes)方法建模。本书采用一种逐个插入结点的递归算法实现了 Delaunay 三角剖分,建模效果良好。在抽取等值面建模中研究了 Marching Cubes(MC)算法和 Marching Tetrahedra(MT)算法:在 MC 方法中讨论了该算法抽取等值面的基本原理及实现方法,分析了算法中连接方式产生二义性的原因及消除二义性的方法;在 MT 方法中首先将立方体的体元剖分为四面体,然后在其中构造等值面,构造的等值面的精度更高,同时,在四面体内构造等值面可以避免 MC 方法中存在的二义性问题。对于数据场密度值很高的图像可以采用剖分立方体(Dividing Cubes)方法建模,该方法采用绘制表面点而不是绘制体元内等值面的方法来绘制整个等值面,可以节省大量的计算时间。第 3 章研究并实现了两种不同的简化方法,即改进的顶点聚类算法和 PM 算法。改进的顶点聚类算法采用二次误差测度这一几何误差度量来确定新代表顶点,将代表顶点设置在到小格内每个三角形所在平面的距离平方和最小的位置,可以得到较高质量的简化模型;PM 算法通过边的迭代收缩来实现网格模型的简化,在简化过程中记录了模型重建时必需的信息,利于构造模型多分辨率表示的数据结构。第 4 章基于迭代收缩算法设计了一种新的多分辨率数据结构,实现了基于视点的模型多分辨率实时绘制。第 5 章分析了文物模型纹理映射的特殊性,提出了合适的映射方法,建立了几何模型与纹理图像映射关系,实现了由非参数化面片组成的三维模型的纹理映射;给出了特征线、轮廓线、表面法向量以及切割剖面等特征信息提取方法,为进一步分析模型特征提供了必要的基础。第 6 章使用本书研究的几种关键技术开发了一个面向文物的三维信息可视化系统,描述了系统的结构与功能。

第2章 三维重建

三维重建的任务是从二维图像或从激光扫描得到的散乱点中抽取三维信息,通过对这些信息进行分类、综合等一系列处理,在三维空间中重新构造出图像中的或真实物体的相应形体。因此,三维重建是通常的几何作图或摄影成像过程的逆过程。近几年来,三维重建得到了很大发展,它的成果可应用于城市数字化、自然景观维护、三维识别、三维游戏、建筑结构调查、光照分析、城市规划与管理、街道的空间信息分析、任务模拟、训练、仿真、战略规划等方面,具有良好的发展前景。

2.1 三维建模前的预处理

2.1.1 数据压缩

近年来,激光三维扫描技术取得了巨大的发展,并广泛应用到各领域,使得对三维数据的处理和压缩逐渐成为研究热点。应用三维扫描技术获取的原始数据是一种点云数据,这种点云数据是一个空间数据的集合,数据点之间是离散的、散乱分布的,同时点云又是一个海量数据的集合,通常含有大量的数据点,存储量巨大,必须对原始点云数据进行压缩,才能在计算机上进行存储。如果基于原始数据进行模型的构建,其网格的数据量就相应地非常大,会给计算机的运算带来过大的压力。这些网格数据无法被快速地处理,交互式应用也就不能很好地实现。所以在保证模型表面局部细节的前提下,必须进行一定的数据压缩,去除冗余数据,以减小计算的时间复杂度,同时也可以优化设计模型的输出接口,方便其他系统对模型的接收。因此,数据的各种处理,如数据建模、模型显示等也必须针对压缩后的数据来进行。

2.1.2 平面分割

平面分割是将距离图像分割成若干互不相交的子区域,且每一区域可拟合成一个多项式曲面。可采用点的局部平面拟合来实现平面分割,同时将处于同一平面上的三角网格用平面片来描述,也可以压缩数据量。算法如下:首先对深度图像中的每一个点做一个局部的平面拟合,拟合的目的是求出该点的法向量,同时抛弃那些拟合不好的点。然后进入归并阶段,引入同向性和共面性两个相似性度量,通过对当前点和其邻域点进行相似性判断,选择是否执行归并操作。在依次遍历完所有的点并做完归并操作后,得到了一组点的集合,每个集合上的点都处于相同的平面,就实现了平面分割。

2.2 三维建模方法

建模算法是可视化技术分类法中一个包罗万象的类别。建模算法有一个共同点:它们创建或更改数据集的几何结构或拓扑结构。对于三维空间数据来说,主要有两类不同的可视化算法。第一类算法首先由三维空间数据场构造出中间几何图元(如曲面、平面等),然后再由传统的计算机图形学技术实现画面绘制。第二类算法与第一类算法完全不同,它并不构造中间几何图元,而是直接由三维数据场产生屏幕上的二维图像,称为体绘制(Volume Rendering)算法,主要用在医学方面。

对于第一类可视化算法,目前主要有三种空间数据的建模方法:第一种是构造点到物体表面的有向距离场,该距离场的零等值面即为重建曲面;第二种是直接采用隐函数曲面或参数曲面来逼近或拟合数据点集;第三种是应用 Voronoi 图对空间数据点集进行 Delaunay 三角化。本书给出了四种不同的建模方法,实现了三维激光扫描数据的建模,并比较了各种方法的优缺点。

2.2.1 三角剖分建模

1. Delaunay 三角剖分

对于给定的初始点集,有多种三角网剖分方式,而 Delaunay 三角网有以下特性:①Delaunay三角网是唯一的;②三角网的外边界构成了点集的凸多边形外壳;③没有任何点在三角形的外接圆内部,反之,如果一个三角网满足此条件,那么它就是 Delaunay 三角网;④如果将三角网中每个三角形的最小角进行升序排列,则 Delaunay 三角网的排列得到的数值最大。

2. Delaunay 三角剖分的实现

Delaunay 三角形与 Voronoi 图有着密切的关系。Voronoi 图又叫泰森多边形或 Dirichlet 图,由一组连续多边形组成,多边形的边界是由连接两相邻点直线的垂直平分线组成的。Delaunay 三角形是由与相邻 Voronoi 多边形共享一条边的相关点连接而成的三角形。Delaunay 三角形的外接圆圆心是与三角形相关的 Voronoi 多边形的一个顶点。Delaunay 三角形是 Voronoi 图的偶图。

Delaunay 三角剖分的实现算法很多,本书采用一种逐个插入结点的递归算法。算法的基本出发点是每一个 Delaunay 三角形的外接圆内不包含任何其他结点,一旦出现某三角形的外接圆内包含了其他结点的情况,就必须在局部修改原来的网格划分,直到满足这一条件为止。算法步骤为:

首先构造一个大外接圆,将所有结点都包含进去,然后每次引入一个结点,重复执行下列步骤,直至所有结点都进入三角网格为止:①找出已有三角形中哪些三角形的外接圆包含新加入的结点,称这些三角形为影响三角形;②删除影响三角形的公共边;③将新加入的结点与全部影响三角形的顶点连接,产生新的三角形。此方法生成 Delaunay 三角网的过程如图 2.1 所示。

图 2.1　用递归插入结点方法生成 Delaunay 三角网

数据点全部处理完后,模型最初的 Delaunay 三角网就建好了,但这时的结果并不表示真正的原物体表面,因为其中包含许多冗余的三角形或四面体。本书采用 Edelsbrunner 提出的 α - shape 方法来删除四面体凸包中其包围球或外接圆半径大于 α 的四面体、三角形和边以得到重建表面。对于不同的数据点集,需要选取不同的 α 值,α 值的大小与激光扫描时的采样密度有很大关系。对于同一数据点集,选取不同的 α 值时得到的结果也有很大差别。如何选取最合适的 α 值才能得到最好的建模效果,本书还没能给出一种好的方法,这是以后需要进一步研究的问题。

为了验证本书给出的一些可视化算法的可行性,我们采用实验室的激光扫描仪分别对一些小文物进行扫描,得到了它们的三维数据点集,作为本书的实验数据。图 2.2 给出了 Delaunay 三角剖分建模的结果,图中小兔子的三维数据点集由斯坦福大学计算机图形实验室获得,石狮和小鸟的三维数据点集是由我们自己扫描得到的。图中分别给出了建模后的两种不同的显示方式,一种是实体模型显示,另一种是网格模型显示。建模过程中 α 值是参照扫描时的采样密度经过多次试验选取的,建模效果良好。

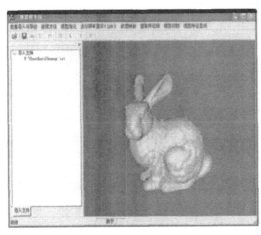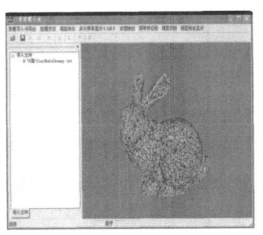

实体模型1　　　　　　　　　　　　　　网格模型1

图 2.2　Delaunay 三角剖分建模结果

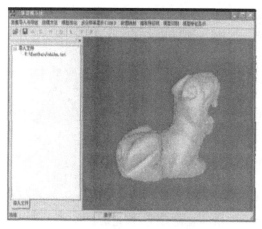

实体模型2

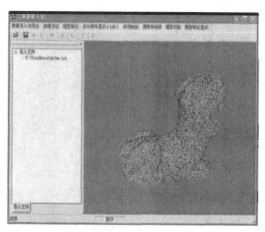

网格模型2

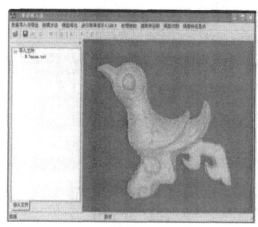

实体模型3

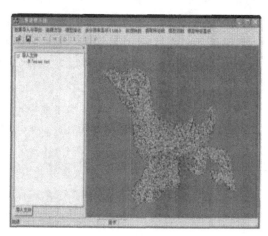

网格模型3

续图 2.2 Delaunay 三角剖分建模结果

2.2.2 移动立方体方法(Marching Cubes 方法)建模

Marching Cubes 方法简称为 MC 方法,该方法属于抽取等值面的建模方法。抽取等值面的建模方法适用于三维规则标量数据场。三维规则标量数据场由分布于三维规则网格顶点的三维数据体决定,其中网格顶点的数据为已知,而网格中间的数据点由所属网格的八个顶点经过三次线性插值得到。每个网格称为一个体元。在体元中用三次线性插值求解其中任意一点的值,就是在三个方向分别用三次线性插值公式计算目标点的函数值。图 2.3 表示三维规则标量数据场,图 2.4 为三次线性插值过程示意图。

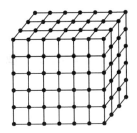

图 2.3　三维规则标量数据场

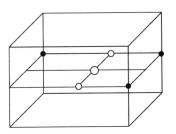

● 一次插值点

○ 二次插值点

○ 三次插值点
（目标点）

图 2.4　三次线性插值过程示意图

等值面是三维规则数据场中所有具有某个相同函数值的点的集合,可以表示为:$\{(x,y,z) \mid f(x,y,z)=C_0\}$,$C_0$ 为常数。等值面片是一个三次曲面,可以用方程表示为:$f(x,y,z)=a_0+a_1 x+a_2 y+a_3 z+a_4 xy+a_5 yz+a_6 zx+a_7 xyz$,其中系数 $a_i(i=0,\cdots,7)$ 决定于体元 8 个顶点处的函数值,如果用户给定的等值面的值为 C_0,那么,等值面就定义为满足方程 $f(x,y,z)=C_0$ 的点的集合。改变 C_0 的值,就可以得到不同等值面的表达式。并不是每个体元内都含有等值面,当体元的八个顶点的值都大于 C_0 或者都小于 C_0 时,其内部不存在等值面。只有那些既有大于 C_0 的顶点又有小于 C_0 的顶点的体元才含有等值面。这样的体元称为边界体元,等值面在一个边界体元内的部分称为该体元内的等值面片。由于数据场是连续的,这些等值面片之间具有拓扑一致性,即它们可以构成连续的无洞的曲面(除非在数据的边界处)。因为对于任何两个共面的边界体元,如果等值面与它们的公共面有交线,则该交线就是这两个边界体元中等值面片与公共面的交线,也就是这两个等值面片完全吻合。所以,可以认为等值面是由多个等值面片组成的连续曲面。

等值面片与边界体元表面的交线是一条双曲线,且这条双曲线仅由该面上的四个顶点决定。由等值面方程可以求出某等值面与体元边界面的交线方程。不失一般性,设某边界面所在平面的方程为 $z=z_0$,代入方程式 $f(x,y,z)=C_0$,可得 $b_0+b_1 x+b_2 y+b_3 xy=C_0$,其中 $b_0=a_0+a_3 z_0$、$b_1=a_1+a_6 z_0$、$b_2=a_2+a_5 z_0$、$b_3=a_4+a_7 z_0$,方程式 $b_0+b_1 x+b_2 y+b_3 xy=C_0$ 表示的是一对双曲线,如果用一条直线来表示这条双曲线,则会引起误差。如果体元很小,则这一误差是可以忽略不计的。对于稀疏的三维数据场,这种近似引起的误差是难以容忍的,可通过自适应剖分算法按给定的逼近精度将三角形递归地分成子三角形,使这些子三角形的顶点满足方程式 $f(x,y,z)=C_0$,且子三角形与等值面的最大距离小于给定的容差。

1. 算法描述

基于上述基本概念,本书给出了一种抽取等值面建模的算法,即 Marching Cubes(MC)方法,此方法是基于三维规则数据场抽取等值面的经典算法。该算法的基本思想是把三维图像相邻层上的各四个像素组成立方体的八个顶点,逐个处理三维图像中的立方体,分类出与等值面相交的立方体,采用插值计算出等值面与立方体边的交点。根据立方体每一顶点与等值面的相对位置,将等值面与立方体的边的交点按一定方式连接生成等值面,作为等值面在该立方体内的一个逼近表示。MC 方法求等值面的算法流程如下:

1)将三维离散规则数据场分层读入内存;

2)扫描两层数据,逐个构造体元,每个体元中的 8 个顶点取自相邻的两层;

3)将体元每个顶点的函数值与给定的等值面值 C_0 作比较,根据比较结果,构造该体元的状态表;

4)根据状态表,得出将与等值面有交点的体元边界;

5)通过线性插值方法,计算出体元边界与等值面的交点;

6)利用中心差分方法,求出体元各顶点处的法向,再通过线性插值方法,求出三角形各顶点处的法向;

7)根据各三角面片各顶点的坐标值及法向量绘制等值面图像。

2. MC 方法需要解决的难题

(1) 确定包含等值面的体元

由于每个体元有 8 个顶点,每个顶点可能有 0、1 两个状态(顶点的函数值大于 C_0 时,状态为 1;顶点的函数值小于 C_0 时,状态为 0),共有 256 种不同的状态,可以利用旋转对称性和倒置对称性将 256 种状态简化为图 2.5 所示的 15 种。

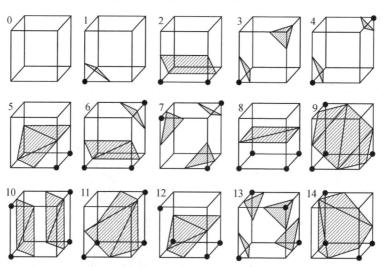

图 2.5　包含等值面的体元的不同状态

可以用一个字节的空间构造一个体元状态表,状态表中的每一位表示体元中一个顶点的 0 或 1 的状态。根据这一状态表,可以判断当前体元属于上述 15 种状态中的哪一种,以及等值面将与哪些边相交。

(2) 求等值面与体元边界的交点

当三维离散数据场的密度较高,也就是说当每个体元很小时,可以假定函数值沿体元边界呈线性变化。因此,等值面与体元边界的交点可以通过该边两端点函数值的线性插值求出。求出了等值面与体元边界的交点以后,就可以将这些交点连接成三角形或多边形,形成等值面的一部分。

(3) 求等值面的法向

为了利用图形硬件显示等值面图像,必须给出形成等值面的各三角面片的法向。对于等值面上的每一点,其沿面的切线方向的梯度分量应该是零,因此,该点的梯度矢量的方向也就代表了等值面在该点的法向。直接计算三角面片的法向是费时的,而且,为了消除各三角面片之间明暗度的不连续变化,只要给出三角面片各顶点处的法向并采用哥罗德(Gouraud)模型绘制各三角面片就行了。MC 方法采用中心差分计算出体元各顶点处的梯度,然后再一次通过体元边界两端点处梯度的线性插值求出三角面片各顶点的梯度,也就是各顶点处的法向,从而实现面的绘制。中心差分方法求梯度的公式如下:

$$\text{Grad\_}x = f(x_i+1, y_j, z_k) - f(x_i-1, y_j, z_k)/2\Delta x$$
$$\text{Grad\_}y = f(x_i, y_j+1, z_k) - f(x_i, y_j-1, z_k)/2\Delta y$$
$$\text{Grad\_}z = f(x_i, y_j, z_k+1) - f(x_i, y_j, z_k-1)/2\Delta z$$

其中,$f(x_i, y_j, z_k)$ 表示三维数据场中某数据点的函数值。

3. MC 方法二义性的消除

(1) MC 方法存在二义性的原因

在 MC 方法中,在体元的一个面上,如果值为 1 的顶点和值为 0 的顶点分别位于对角线的两端,那么就会有两种可能的连接方式,因而存在着二义性,如图 2.6 和图 2.7 所示。这样的面称为二义性面,包含 1 个以上的二义性面的体元,即为具有二义性的体元。在上述的 15 种情况中,第 3、6、7、10、12、13 等 6 种情况是具有二义性的。这一问题如果不解决,将造成等值面连接上的错误。而且在两个相邻体元的公共面上,可能会出现两种不同的连接方式,从而形成空洞,如图 2.8 所示。

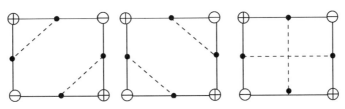

图 2.6 连接方式二义性的二维表示

(+表示状态值为 1,-表示状态值为 0)

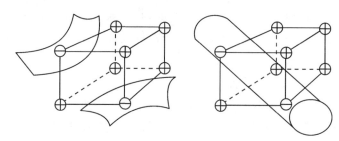

图 2.7 连接方式二义性的三维表示

（＋表示状态值为 1，－表示状态值为 0）

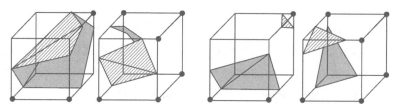

图 2.8 相邻立方体边界面上连接方式不一致形成空洞

（2）用渐近线方法消除二义性

该方法是由 G. M. Nielson 等人提出的，下面详细论述该方法的实现原理。

在一般情况下，等值面与体元边界面所在平面的交线是双曲线。该双曲线的两支及其渐近线与体元的一个边界面的相互位置关系可用图 2.9 来表示。在该图所列的 4 种状态中，当双曲线的两支均与某边界面相交时，就产生了连接方式的二义性。这时，双曲线的两支将边界面划分为 3 个区域，其中，双曲线中两条渐近线的交点必然与边界面中位于对角线上的一对交点落在同一个区域内。

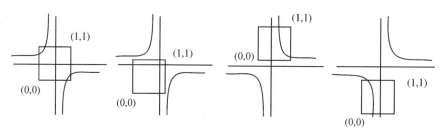

图 2.9 双曲线与体元边界面的相互位置关系

本书前述部分已经得出该双曲线可以用方程式 $b_0 + b_1 x + b_2 y + b_3 xy = C_0$ 来表示，其中 $b_0 = a_0 + a_3 z_0$、$b_1 = a_1 + a_6 z_0$、$b_2 = a_2 + a_5 z_0$、$b_3 = a_4 + a_7 z_0$，由此可以得出双曲线的两条渐近线的交点坐标：

$$x = \frac{a_2 + a_5 z_0}{a_4 + a_7 z_0}$$

$$y = \frac{a_1 + a_6 z_0}{a_4 + a_7 z_0}$$

当出现二义性时，需要计算 $f(x, y, z_0)$ 的值。如果 $f(x, y, z_0) > C_0$，则渐近线的交点

应与其函数值大于 C_0 的一对顶点落在同一区域内;如果 $f(x,y,z_0)<C_0$,则渐近线的交点应与其函数值小于 C_0 的一对顶点落在同一区域内。这就是,当出现二义性时交点之间的连接准则,如图 2.10 所示。在此图中,当 $f(x,y,z_0)>C_0$ 时,对渐近线的交点标以正值,其对应的二义面称为正值二义面;当 $f(x,y,z_0)<C_0$ 时,对渐近线的交点标以负值,其对应的二义面称为负值二义面。

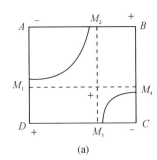
(a)

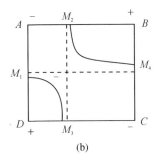
(b)

图 2.10 出现二义性时交点之间的连接准则

4. MC 方法算法实现

```
vtkMarchingCubes::vtkMarchingCubes()
{
  this->ContourValues = vtkContourValues::New();
  this->ComputeNormals = 1;
  this->ComputeGradients = 0;
  this->ComputeScalars = 1;
  this->Locator = NULL;
}


vtkMarchingCubes::~vtkMarchingCubes()
{
  this->ContourValues->Delete();
  if ( this->Locator )
    {
    this->Locator->UnRegister(this);
    this->Locator = NULL;
    }
}


// Description:
// Overload standard modified time function. If contour values are modified,
// then this object is modified as well.
unsigned long vtkMarchingCubes::GetMTime()
{
```

```
unsigned long mTime=this->Superclass::GetMTime();
unsigned long mTime2=this->ContourValues->GetMTime();

mTime = ( mTime2 > mTime ? mTime2 : mTime );
if (this->Locator)
  {
  mTime2=this->Locator->GetMTime();
  mTime = ( mTime2 > mTime ? mTime2 : mTime );
  }

return mTime;
}


//Calculate the gradient using central difference.
// NOTE: We calculate the negative of the gradient for efficiency
template <class T>
void vtkMarchingCubesComputePointGradient(int i, int j, int k, T * s, int dims[3],
                               int sliceSize, double Spacing[3], double n[3])
{
  double sp, sm;

  // x-direction
  if ( i == 0 )
    {
    sp = s[i+1 + j * dims[0] + k * sliceSize];
    sm = s[i + j * dims[0] + k * sliceSize];
    n[0] = (sm - sp) / Spacing[0];
    }
  else if ( i == (dims[0]-1) )
    {
    sp = s[i + j * dims[0] + k * sliceSize];
    sm = s[i-1 + j * dims[0] + k * sliceSize];
    n[0] = (sm - sp) / Spacing[0];
    }
  else
    {
    sp = s[i+1 + j * dims[0] + k * sliceSize];
    sm = s[i-1 + j * dims[0] + k * sliceSize];
    n[0] = 0.5 * (sm - sp) / Spacing[0];
    }

  // y-direction
```

```
if ( j == 0 )
  {
  sp = s[i + (j+1) * dims[0] + k * sliceSize];
  sm = s[i + j * dims[0] + k * sliceSize];
  n[1] = (sm - sp) / Spacing[1];
  }
else if ( j == (dims[1]-1) )
  {
  sp = s[i + j * dims[0] + k * sliceSize];
  sm = s[i + (j-1) * dims[0] + k * sliceSize];
  n[1] = (sm - sp) / Spacing[1];
  }
else
  {
  sp = s[i + (j+1) * dims[0] + k * sliceSize];
  sm = s[i + (j-1) * dims[0] + k * sliceSize];
  n[1] = 0.5 * (sm - sp) / Spacing[1];
  }


// z-direction
if ( k == 0 )
  {
  sp = s[i + j * dims[0] + (k+1) * sliceSize];
  sm = s[i + j * dims[0] + k * sliceSize];
  n[2] = (sm - sp) / Spacing[2];
  }
else if ( k == (dims[2]-1) )
  {
  sp = s[i + j * dims[0] + k * sliceSize];
  sm = s[i + j * dims[0] + (k-1) * sliceSize];
  n[2] = (sm - sp) / Spacing[2];
  }
else
  {
  sp = s[i + j * dims[0] + (k+1) * sliceSize];
  sm = s[i + j * dims[0] + (k-1) * sliceSize];
  n[2] = 0.5 * (sm - sp) / Spacing[2];
  }
}


//
//Contouring filter specialized for volumes and "short int" data values.
```

```
//
template <class T>
void vtkMarchingCubesComputeGradient(vtkMarchingCubes * self,T * scalars, int dims[3],
                                     double origin[3], double Spacing[3],
                                     vtkPointLocator * locator,
                                     vtkDataArray * newScalars,
                                     vtkDataArray * newGradients,
                                     vtkDataArray * newNormals,
                                     vtkCellArray * newPolys, double * values,
                                     int numValues)
{
    double s[8], value;
    int i, j, k, sliceSize;
    static int CASE_MASK[8] = {1,2,4,8,16,32,64,128};
    vtkMarchingCubesTriangleCases * triCase, * triCases;
    EDGE_LIST    * edge;
    int contNum, jOffset, kOffset, idx, ii, index, * vert;
    vtkIdType ptIds[3];
    int ComputeNormals = newNormals ! = NULL;
    int ComputeGradients = newGradients ! = NULL;
    int ComputeScalars = newScalars ! = NULL;
    int NeedGradients;
    double t, * x1, * x2, x[3], * n1, * n2, n[3], min, max;
    double pts[8][3], gradients[8][3], xp, yp, zp;
    static int edges[12][2] = { {0,1}, {1,2}, {3,2}, {0,3},
                                {4,5}, {5,6}, {7,6}, {4,7},
                                {0,4}, {1,5}, {3,7}, {2,6}};

    triCases =   vtkMarchingCubesTriangleCases::GetCases();

//
// Get min/max contour values
//
  if ( numValues < 1 )
    {
    return;
    }
  for ( min=max=values[0], i=1; i < numValues; i++)
    {
    if ( values[i] < min )
      {
      min = values[i];
```

```
              }
      if ( values[i] > max )
        {
        max = valucs[i];
        }
      }
//
// Traverse all voxel cells, generating triangles and point gradients
// using marching cubes algorithm.
//
  sliceSize = dims[0] * dims[1];
  for ( k=0; k < (dims[2]-1); k++)
    {
    self->UpdateProgress ((double) k / ((double) dims[2] - 1));
    if (self->GetAbortExecute())
      {
      break;
      }
    kOffset = k * sliceSize;
    pts[0][2] = origin[2] + k * Spacing[2];
    zp = origin[2] + (k+1) * Spacing[2];
    for ( j=0; j < (dims[1]-1); j++)
      {
      jOffset = j * dims[0];
      pts[0][1] = origin[1] + j * Spacing[1];
      yp = origin[1] + (j+1) * Spacing[1];
      for ( i=0; i < (dims[0]-1); i++)
        {
        //get scalar values
        idx = i + jOffset + kOffset;
        s[0] = scalars[idx];
        s[1] = scalars[idx+1];
        s[2] = scalars[idx+1 + dims[0]];
        s[3] = scalars[idx + dims[0]];
        s[4] = scalars[idx + sliceSize];
        s[5] = scalars[idx+1 + sliceSize];
        s[6] = scalars[idx+1 + dims[0] + sliceSize];
        s[7] = scalars[idx + dims[0] + sliceSize];

        if ( (s[0] < min && s[1] < min && s[2] < min && s[3] < min &&
        s[4] < min && s[5] < min && s[6] < min && s[7] < min) ||
        (s[0] > max && s[1] > max && s[2] > max && s[3] > max &&
```

```
s[4] > max && s[5] > max && s[6] > max && s[7] > max) )
  {
  continue; // no contours possible
  }

//create voxel points
pts[0][0] = origin[0] + i * Spacing[0];
xp = origin[0] + (i+1) * Spacing[0];

pts[1][0] = xp;
pts[1][1] = pts[0][1];
pts[1][2] = pts[0][2];

pts[2][0] = xp;
pts[2][1] = yp;
pts[2][2] = pts[0][2];

pts[3][0] = pts[0][0];
pts[3][1] = yp;
pts[3][2] = pts[0][2];

pts[4][0] = pts[0][0];
pts[4][1] = pts[0][1];
pts[4][2] = zp;

pts[5][0] = xp;
pts[5][1] = pts[0][1];
pts[5][2] = zp;

pts[6][0] = xp;
pts[6][1] = yp;
pts[6][2] = zp;

pts[7][0] = pts[0][0];
pts[7][1] = yp;
pts[7][2] = zp;

NeedGradients = ComputeGradients || ComputeNormals;

//create gradients if needed
if (NeedGradients)
  {
```

```
                vtkMarchingCubesComputePointGradient ( i, j, k, scalars, dims, sliceSize, Spacing,
gradients[0]);
                vtkMarchingCubesComputePointGradient (i+1, j, k, scalars, dims, sliceSize, Spacing,
gradients[1]);
                vtkMarchingCubesComputePointGradient(i+1,j+1,k, scalars, dims, sliceSize, Spacing,
gradients[2]);
                vtkMarchingCubesComputePointGradient (i,j+1,k, scalars, dims, sliceSize, Spacing,
gradients[3]);
                vtkMarchingCubesComputePointGradient (i,j,k+1, scalars, dims, sliceSize, Spacing,
gradients[4]);
                vtkMarchingCubesComputePointGradient(i+1,j,k+1, scalars, dims, sliceSize, Spacing,
gradients[5]);
                vtkMarchingCubesComputePointGradient(i+1,j+1,k+1, scalars, dims, sliceSize, Spac-
ing, gradients[6]);
                vtkMarchingCubesComputePointGradient(i,j+1,k+1, scalars, dims, sliceSize, Spacing,
gradients[7]);
                }
            for (contNum=0; contNum < numValues; contNum++)
            {
            value = values[contNum];
            // Build the case table
            for ( ii=0, index = 0; ii < 8; ii++)
                {
                if ( s[ii] >= value )
                    {
                    index |= CASE_MASK[ii];
                    }
                }
            if ( index == 0 || index == 255 ) //no surface
                {
                continue;
                }

            triCase = triCases+ index;
            edge = triCase->edges;

            for ( ; edge[0] > -1; edge += 3 )
                {
                for (ii=0; ii<3; ii++) //insert triangle
                    {
                    vert = edges[edge[ii]];
                    t = (value -s[vert[0]]) / (s[vert[1]] - s[vert[0]]);
```

```
            x1 = pts[vert[0]];
            x2 = pts[vert[1]];
            x[0] = x1[0] + t * (x2[0] - x1[0]);
            x[1] = x1[1] + t * (x2[1] - x1[1]);
            x[2] = x1[2] + t * (x2[2] - x1[2]);

            // check for a new point
            if ( locator->InsertUniquePoint(x, ptIds[ii]) )
                {
                if (NeedGradients)
                  {
                  n1 =gradients[vert[0]];
                  n2 =gradients[vert[1]];
                  n[0] = n1[0] + t * (n2[0] - n1[0]);
                  n[1] = n1[1] + t * (n2[1] - n1[1]);
                  n[2] = n1[2] + t * (n2[2] - n1[2]);
                  }
                if (ComputeScalars)
                  {
                  newScalars->InsertTuple(ptIds[ii],&value);
                  }
                if (ComputeGradients)
                  {
                  newGradients->InsertTuple(ptIds[ii],n);
                  }
                if (ComputeNormals)
                  {
                  vtkMath::Normalize(n);
                  newNormals->InsertTuple(ptIds[ii],n);
                  }
                }
            }
        // check for degenerate triangle
        if ( ptIds[0] ! = ptIds[1] &&
            ptIds[0] ! = ptIds[2] &&
            ptIds[1] ! = ptIds[2] )
            {
            newPolys->InsertNextCell(3,ptIds);
            }
        }//for each triangle
    }//for all contours
}//for i
```

```
    }//for j
  }//for k
}


//
//Contouring filter specialized for volumes and "short int" data values.
//
int vtkMarchingCubes::RequestData(
  vtkInformation * vtkNotUsed(request),
  vtkInformationVector * * inputVector,
  vtkInformationVector * outputVector)
{
  // get the info objects
  vtkInformation * inInfo = inputVector[0]->GetInformationObject(0);
  vtkInformation * outInfo = outputVector->GetInformationObject(0);

  // get the input and ouput
  vtkImageData * input = vtkImageData::SafeDownCast(
    inInfo->Get(vtkDataObject::DATA_OBJECT()));
  vtkPolyData * output = vtkPolyData::SafeDownCast(
    outInfo->Get(vtkDataObject::DATA_OBJECT()));

  vtkPoints  * newPts;
  vtkCellArray * newPolys;
  vtkFloatArray * newScalars;
  vtkFloatArray * newNormals;
  vtkFloatArray * newGradients;
  vtkPointData  * pd;
  vtkDataArray * inScalars;
  int dims[3];
  int estimatedSize;
  double Spacing[3], origin[3];
  double bounds[6];
  int numContours=this->ContourValues->GetNumberOfContours();
  double * values=this->ContourValues->GetValues();

  vtkDebugMacro(<< "Executing marching cubes");

//
// Initialize and check input
//
  pd=input->GetPointData();
```

```
if (pd ==NULL)
  {
  vtkErrorMacro(<<"PointData is NULL");
  return 1;
  }
inScalars=pd->GetScalars();
if ( inScalars == NULL )
  {
  vtkErrorMacro(<<"Scalars must be defined for contouring");
  return 1;
  }

if ( input->GetDataDimension() ! = 3 )
  {
  vtkErrorMacro(<<"Cannot contour data of dimension ! = 3");
  return 1;
  }
input->GetDimensions(dims);
input->GetOrigin(origin);
input->GetSpacing(Spacing);

// estimate the number of points from the volume dimensions
estimatedSize = (int) pow ((double) (dims[0] * dims[1] * dims[2]), .75);
estimatedSize = estimatedSize / 1024 * 1024; //multiple of 1024
if (estimatedSize < 1024)
  {
  estimatedSize = 1024;
  }
vtkDebugMacro(<< "Estimated allocation size is " << estimatedSize);
newPts = vtkPoints::New(); newPts->Allocate(estimatedSize,estimatedSize/2);
// compute bounds for merging points
for ( int i=0; i<3; i++)
  {
  bounds[2 * i] = origin[i];
  bounds[2 * i+1] = origin[i] + (dims[i]-1) * Spacing[i];
  }
if ( this->Locator == NULL )
  {
  this->CreateDefaultLocator();
  }
this->Locator->InitPointInsertion (newPts, bounds, estimatedSize);
```

```
if (this->ComputeNormals)
  {
  newNormals = vtkFloatArray::New();
  newNormals->SetNumberOfComponents(3);
  newNormals->Allocate(3 * estimatedSize,3 * estimatedSize/2);
  }
else
  {
  newNormals = NULL;
  }

if (this->ComputeGradients)
  {
  newGradients = vtkFloatArray::New();
  newGradients->SetNumberOfComponents(3);
  newGradients->Allocate(3 * estimatedSize,3 * estimatedSize/2);
  }
else
  {
  newGradients = NULL;
  }

newPolys = vtkCellArray::New();
newPolys->Allocate(newPolys->EstimateSize(estimatedSize,3));

if (this->ComputeScalars)
  {
  newScalars = vtkFloatArray::New();
  newScalars->Allocate(estimatedSize,estimatedSize/2);
  }
else
  {
  newScalars = NULL;
  }

if (inScalars->GetNumberOfComponents() == 1 )
  {
  void * scalars = inScalars->GetVoidPointer(0);
  switch (inScalars->GetDataType())
    {
    vtkTemplateMacro(
      vtkMarchingCubesComputeGradient(this, static_cast<VTK_TT * >(scalars),
```

```
                              dims,origin,Spacing,this->Locator,
                              newScalars,newGradients,
                              newNormals,newPolys,values,
                              numContours)
      );
    } //switch
  }


else //multiple components - have to convert
  {
  int dataSize = dims[0] * dims[1] * dims[2];
  vtkDoubleArray * image=vtkDoubleArray::New();
  image->SetNumberOfComponents(inScalars->GetNumberOfComponents());
  image->SetNumberOfTuples(image->GetNumberOfComponents() * dataSize);
  inScalars->GetTuples(0,dataSize,image);

  double * scalars = image->GetPointer(0);
  vtkMarchingCubesComputeGradient(this,scalars,dims,origin,Spacing,this->Locator,
          newScalars,newGradients,
          newNormals,newPolys,values,numContours);
  image->Delete();
  }


vtkDebugMacro(<<"Created: "
              <<newPts->GetNumberOfPoints() << " points, "
              << newPolys->GetNumberOfCells() << " triangles");
//
// Update ourselves.  Because we don't know up front how many triangles
// we've created, take care to reclaim memory.
//
output->SetPoints(newPts);
newPts->Delete();

output->SetPolys(newPolys);
newPolys->Delete();

if (newScalars)
  {
  int idx = output->GetPointData()->AddArray(newScalars);
  output->GetPointData()->SetActiveAttribute(idx, vtkDataSetAttributes::SCALARS);
  newScalars->Delete();
  }
```

```
  if (newGradients)
    {
    output->GetPointData()->SetVectors(newGradients);
    newGradients->Delete();
    }
  if (newNormals)
    {
    output->GetPointData()->SetNormals(newNormals);
    newNormals->Delete();
    }
  output->Squeeze();
  if (this->Locator)
    {
    this->Locator->Initialize(); //free storage
    }

  return 1;
}


// Description:
//Specify a spatial locator for merging points. By default,
// an instance of vtkMergePoints is used.
void vtkMarchingCubes::SetLocator(vtkPointLocator * locator)
{
  if ( this->Locator == locator )
    {
    return;
    }

  if ( this->Locator )
    {
    this->Locator->UnRegister(this);
    this->Locator = NULL;
    }

  if (locator)
    {
    locator->Register(this);
    }

  this->Locator = locator;
  this->Modified();
```

```
  }

  void vtkMarchingCubes::CreateDefaultLocator()
  {
    if ( this->Locator == NULL)
      {
      this->Locator = vtkMergePoints::New();
      }
  }

  int vtkMarchingCubes::FillInputPortInformation(int, vtkInformation * info)
  {
    info->Set(vtkAlgorithm::INPUT_REQUIRED_DATA_TYPE(), "vtkImageData");
    return 1;
  }

  void vtkMarchingCubes::PrintSelf(ostream& os, vtkIndent indent)
  {
    this->Superclass::PrintSelf(os,indent);

    this->ContourValues->PrintSelf(os,indent.GetNextIndent());

    os << indent << "Compute Normals: " << (this->ComputeNormals ? "On\\n" : "Off\\n");
    os << indent << "Compute Gradients: " << (this->ComputeGradients ? "On\\n" : "Off\\n");
    os << indent << "Compute Scalars: " << (this->ComputeScalars ? "On\\n" : "Off\\n");

    if ( this->Locator )
      {
      os << indent << "Locator:" << this->Locator << "\\n";
      this->Locator->PrintSelf(os,indent.GetNextIndent());
      }
    else
      {
      os << indent << "Locator: (none)\\n";
      }
  }
```

2.2.3 移动四面体方法(Marching Tetrahedra 方法)建模

Marching Tetrahedra 方法简称为 MT 方法,是在 MC 方法的基础上发展起来的。该方法首先将立方体的体元剖分为四面体,然后在其中构造等值面。由于四面体是最简单的多面体,其他类型的多面体都能剖分为四面体,因而 MT 方法具有更广阔的应用前景。在将立方体剖分为四面体后,在四面体中构造的等值面的精度比在立方体中构造的等值面的精度要高,同时,在四面体内构造等值面可以避免 MC 方法中存在的二义性问题。

1. 算法描述

MT 方法是将一个立方体剖分为 5 个四面体,如图 2.11 所示。设用户给定的等值面的值为 C_0,如果四面体顶点的函数值大于(或等于)C_0,则将该点赋以"+"号;如果四面体顶点的函数值小于 C_0,则将该点赋以"-"号。由于"+""-"号相反造成的对称情况,四面体顶点函数值的分布情况可以分为 3 类,如图 2.12 所示。因此,当四面体一条边的两个顶点均为"+"(或"-")时,该边无交点存在;当一条边的两个顶点中一个为"+",另一个为"-"时,该边上有一个交点存在。将四面体边界上的交点连接起来,即可构成等值面。

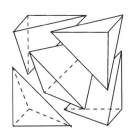

图 2.11　一个立方体剖分为 5 个四面体

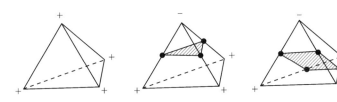

图 2.12　四面体顶点函数值的分布情况

在每一个四面体内,等值面的生成是由顶点函数值的分布情况唯一决定的,对于一个立方体来说,有两种不同的四面体剖分方式。不同的剖分方式将导致不同等值面的生成,即等值面的构造依赖于剖分方式,如图 2.13 所示。为了在相邻体元的公共面上不出现裂缝,必须保证在这个面上的剖分一致性,如图 2.14 所示。

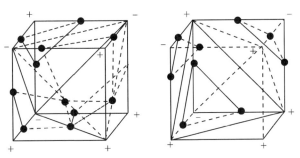

图 2.13　两种不同的四面体剖分方式

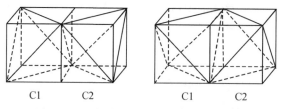

图 2.14 相邻体元公共面上的剖分一致性

2. MT 方法中二义性的判别和消除

当将一个立方体剖分为 5 个四面体时,在每一个四面体的 6 条边中,有些是原有立方体的棱,而另一些则是立方体 6 个面上的对角线。在 5 个四面体的 30 条边中,只有 12 条边是原有立方体的棱,而其余 18 条边则均为立方体面上的对角线。当立方体每条棱上的函数值呈线性变化时,立方体每个面中对角线上的函数值不一定是线性变化。那么当该对角线两端点均为"+"(或"−")时,就不能认为在该线上没有交点。当体元每条棱上的函数值均呈线性变化时,体元内等值面与体元边界面的交线可以用方程式 $b_0+b_1x+b_2y+b_3xy=C_0$ 来表示。设体元中一个面所在的平面为 $z=z_0$,该面上某一对角点的坐标为 (x_a,y_a,z_0) 及 (x_b,y_b,z_0),则由该对角点构成的对角线方程为

$$\left.\begin{array}{l} x=x_a+t(x_b-x_a) \\ y=y_a+t(y_b-y_a) \qquad (0\leqslant t\leqslant 1) \\ z=z_0 \end{array}\right\} \qquad (2.1)$$

将式(2.1)代入方程式 $b_0+b_1x+b_2y+b_3xy=C_0$,经过整理后可知,沿对角线的函数值分布为二次函数,可写成如下形式:

$$C_0=A+Bt+Ct^2 \qquad (2.2)$$

其中 A、B、C 是由对角线端点坐标及体元 8 个角点函数值构成的常数。既然沿对角线的函数值分布为二次函数,那么当对角线两端点均为"+"(或"−")时,就不能简单地认为在该对角线上无交点,而需要求解式(2.2),才能得出结果。而判断对应于阈值为 C_0 的等值面是否与该对角线相交,就需要判断方程式(2.2)在区间[0,1]内是否有解。

若 $C\neq0$,且 $B^2-4C(A-C_0)>0$,则方程(2.2)将有两个不同的解 t_1 和 t_2。如果 t_1 和 t_2 都在区间[0,1]内,那么等值面与对角线有两个不同的交点,这是当对角线两端点的函数值为同号时的情况,是不能被忽略的。在这种情况下,等值面与体元对角线相交的多种可能性如图 2.15 所示。

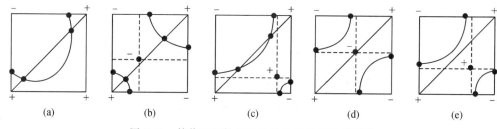

图 2.15 等值面与体元对角线相交的多种可能性

图 2.15(a)表明,只有一条双曲线通过体元的面并与对角线有两个交点,但此时,该对角线两端点的函数值均为"＋"。

图 2.15(b)(c)表示两条双曲线都通过该面,这是 MC 方法中的二义面。在图 2.15(b)中,两条渐近线的交点与对角线两端点取异号,而在图 2.15(c)中,两条渐近线的交点与对角线两端点取同号。在这两种情况下,根据判别式计算结果,该等值线均与对角线有两个交点。如果认为该对角线两端点的函数值均为"＋"而忽略这两个交点,则将导致等值线的错误连接[见图 2.15(d)]或等值线的连接不准确[见图 2.15(e)],而这正是传统的 MT 方法所存在的问题。

根据以上分析,在 MT 方法中判断四面体的一条边与等值面是否有交点及计算交点的算法可描述如下:

如果 E_1E_2 是原体元的一条边{

　　如果该边两端点所赋值异号,

　　　　则通过线性插值计算交点(等值点)并输出

　　否则,

　　　　没有交点

}

　　否则{

　　　　如果两端点函数值同号而相应的判别式非负

　　　　　　则解一元二次方程式计算两个交点,并输出落在两端点间的交点

　　　　如果两端点函数值异号

　　　　　　计算两交点,取落在两端点间的点为交点,并输出

　　　　　　舍去另一点

}

3. 连接等值点构造多边形

计算出四面体各条边上的交点即等值点以后,就应该将一个四面体内所有等值点连接成有效的多边形。这时,需要首先考虑四面体中任一三角面片上等值点的连接。为了保证相邻四面体在公共面上等值面的连接不出现裂缝,等值面被公共面所截得的交线应该由公共面的性质唯一决定,而不受它所在的四面体中其他顶点的影响。同时,三角形上等值点的连线不能与三角形的任何一条边重合,且连线不能交叉,这是因为等值点的连线就是等值线。对于一个三角形来说,根据顶点的函数值所赋予的符号及等值点的分布,可以分为图 2.16 所示的 6 种状态。

状态 1 没有等值点,表明三角形与等值面不相交。在状态 5 中,在不同的两条边上各有一个等值点 I_1 和 I_2。此时,只需连接 I_1 和 I_2 即可构成一条等值线。

在状态 2 中,有两个等值点落在同一条边界上,这表明有一条等值线与该边有两个交点而与其他边没有交点。因此,将有一段连接 I_1 和 I_2 的等值线落在三角形内。为此,需要在三角形内找到一等值点 O,用 I_1O 和 OI_2 两条线段来逼近等值线,我们称点 O 为附加等值点。O 点坐标的计算方法如下:

设与等值点 I_1 和 I_2 所在边相对的三角形顶点为 A，I_1、I_2 的中点为 M，如图 2.17 所示。显然，M 点的函数值应取负号。于是可用函数值的线性插值方法求出 O 点坐标，即

$$x_0 = x_M + \frac{C_0 - f(M)}{f(A) - f(M)}(x_A - x_M)$$

式中，C_0 为等值面的值，$f(A)$、$f(M)$ 为 A 点和 M 点的函数值。同理可求出 y_0、z_0。设 M 点在直线表示中的参数值为 t_M，则 $t_M = \frac{1}{2}(t_{I_1} + t_{I_2})$，将 t_M 的值代入式 (2.2) 的右端，即可求出 $f(M)$。

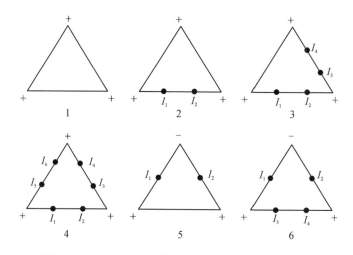

图 2.16 三角形顶点函数值的符号分布及等值点分布

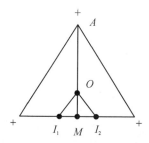

图 2.17 附加等值点的计算

在状态 2 和状态 5 中，等值线的连接方式是唯一的，而在状态 3、4、6 中，则有多种可能的连接方式，因而需要作进一步的判断。可称 2、5 两种状态为等值线的单一连接方式，而 3、4、6 这三种状态则为等值线的选择连接方式。

状态 3 有两种可能的连接方式，如图 2.18 所示。首先取 $P = \frac{1}{4}\sum_{i=1}^{4} I_i$，如果 P 点的函数值 $f(P)$ 与三角形顶点的函数值异号，那么，按图 2.18(a) 的方式连接，否则，按图 2.18(b) 的方式连接，并用类似于状态 2 的方法来计算附加等值点的几何位置。

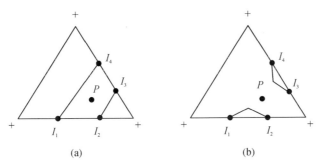

图 2.18 状态 3 中等值点的连接方式

状态 4 是最复杂的一种情况,有 5 种可能的连接方式,如图 2.19 所示。表 2.1 给出了每一种情况的判别方法。其中 $P_1 = \frac{1}{4}(I_1 + I_2 + I_3 + I_4)$,$P_2 = \frac{1}{4}(I_3 + I_4 + I_5 + I_6)$,$P_3 = \frac{1}{4}(I_5 + I_6 + I_1 + I_2)$。表中前 3 列表示 P_1、P_2 和 P_3 三点的取值情况,第 4 列为应有的连接方式在图 2.19 中的编号。图 2.19 中附加等值点的位置可用相应交点的中点与 P_1、P_2、P_3 中取正号的相应点进行插值得到。例如,连接 I_5、I_6 的附加点,可取 P_1 与 I_5、I_6 的中点作插值求得。

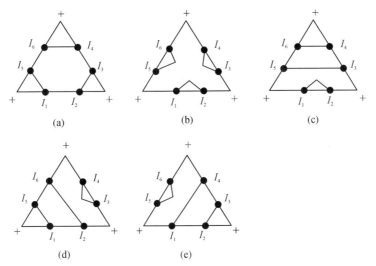

图 2.19 状态 4 的 5 种连接方式

表 2.1 连接方式的判别

P_1 的符号	P_2 的符号	P_3 的符号	对应的连接方式
+	+	+	(b)
+	+	−	(d)
+	−	+	(c)
−	+	+	(e)
−	−	−	(a)

在状态 6 中,取 $P = \dfrac{1}{4}\sum_{i=1}^{4} I_i$。对应于 $f(P)$ 取负号和正号,相应地有图 2.20 中的(a)(b)两种情况。

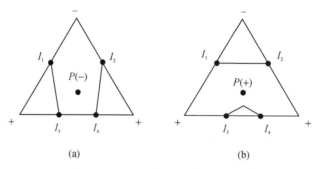

图 2.20　状态 6 中等值点的连接方式

实现了四面体每一个三角形内等值点的连接以后,将不同三角形内的连接线在三角形的公共边上首尾相连即可形成多边形。首先从一个三角形内任取一条连线,在该线段末端点所在的另一个三角形内找到以该点为起点的下一条边,并对访问过的线段做标记,依次找下去,直到与最初的边相遇,即构成一封闭的多边形。接着,判断是否还有未访问过的线段。如果有,从中取出一条重复上述过程,直至所有的多边形都输出为止。

从以上等值点的计算及连接来看,四面体每一个面上的等值点的连线完全由三角形的 3 个顶点来决定。因此,对于任何相邻的四面体,在公共面上的连接必然是一致的,从而保证了在公共面上等值面连接的一致性。

4. 多边形的三角化

和 MC 方法一样,在排除了二义性以后的 MT 方法中,不同的连接方式大幅度增加。如果只考虑一个三角形内等值线的单一连接方式及选择连接方式中不含有附加等值点的情况,那么四面体内等值点连接成的多边形共有 16 种状态,如图 2.21 所示。这 16 种状态可以分为 3 组,每一组中顶点函数值的符号相同。其中,状态 1~4 属于第 1 组,状态 5~7 属于第 2 组,其余为第 3 组。每一组的第 1 种状态,即 1、5、8 这 3 种,各对应于传统方法的一种情况。而其他状态是在传统算法中所未涉及的。状态 2 和 14,有一个附加等值点;状态 9 和 10,各有两个附加等值点;状态 13 有 3 个附加等值点;而状态 11 则有 4 个附加等值点。

在 MT 方法中,每一个四面体最多可产生 4 个多边形,多边形的顶点数可能会超过 3 个。对于这类多边形,通常各顶点不落在同一平面上。因此,在显示之前,必须对它们进行三角化。对于有附加等值点的四面体,则只需将多边形的每一个顶点与一个附加等值点连接,形成 $n-2$ 个三角形(n 为多边形的顶点数)。对于无附加等值点的四面体,可以用常见的"割耳"方法实现多边形的三角化。只有图 2.21 中的状态 7 是个例外,此时,无论各点怎样连接,最终都将有一个三角形落在某一个面上,从而违反了多边形三角化的原则,出现奇异性,因而必须予以特殊处理。解决这一问题的办法是,在四面体内增加一个点,将该点与多边形各顶点相连即可。附加的点可以取四面体的重心,也可以通过更精确的方法计算出来。图 2.22 给出了状态 7 和 13 的多边形三角化结果。

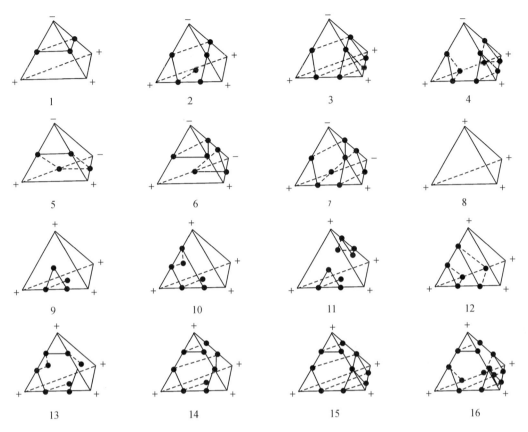

图 2.21　一个四面体内多边形的 16 种形态

（不考虑含附加等值点的选择连接方式）

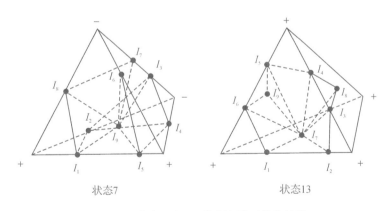

图 2.22　状态 7 和 13 的多边形三角化结果

状态 7:I_9 是附加等值点，多边形 $I_1I_2I_3I_4I_5I_6I_7I_8$ 三角化得到如下三角形:$I_1I_2I_9$，$I_2I_3I_9$，$I_3I_4I_9$，$I_4I_5I_9$，$I_5I_6I_9$，$I_6I_7I_9$，$I_7I_8I_9$，$I_8I_1I_9$。状态 13:I_7、I_8、I_9 是附加等值点，多边形 $I_1I_7I_2I_3I_8I_4I_5I_9I_6$ 三角化的结果为:$I_2I_7I_3$，$I_3I_7I_8$，$I_8I_7I_4$，$I_4I_7I_5$，$I_5I_9I_7$，$I_9I_7I_6$，$I_6I_7I_1$。

如果将选择连接方式中含有附加等值点的情况都考虑在内，就不是图 2.21 所示的 16 种状态，而是 59 种状态。

5. 几种方法的比较

上文消除二义性的 MT 方法，称为新的 MT 方法（NMT 方法）。下面通过一个实例说明，若传统的 MT 方法忽略了二义性问题，将导致错误的结果；而 NMT 方法可以排除错误，得出正确的结果。

设拟构造的等值面的数学表达式为

$$F(x,y,z) = (xy - zx - zy + 4) \cdot e^{y-2} - e^{x+0.25z-2}$$

并设网格间距为 4，网格大小为 $10 \times 10 \times 10$，其坐标原点为网格的中心点，等值面的阈值为零。当用 NMT 算法构造等值面时，其结果如图 2.23 所示。而用传统的 MT 算法构造等值面时，其结果如图 2.24 所示。二者有明显的不同。图 2.24 中，双曲面的两支间出现了不应有的连接，显然，这是错误的。

 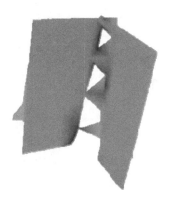

图 2.23　NMT 算法构造等值面　　　　图 2.24　MT 算法构造等值面

为了进一步说明在 MT 方法中判别和消除二义性的必要性，针对等值面与立方体表面相交的各种情况，将 NMT 方法与传统的 MC 方法以及 MT 方法作一比较。图 2.25 第 1 列给出了立方体面上各顶点函数值分布的 3 种状态及等值面与立方体平面的交线。其余的每一列对应于一种方法生成的结果，而每一行中的面则有相同的顶点取值分布。由图中可以看出，所有 3 种方法对于第 1 行中的状态都不产生等值线。对于第 2 行中的状态，MC 方法和 MT 方法的第一种剖分方式为用两端点的连线来逼近曲线段，而 MT 方法的第二种剖分方式及 NMT 方法产生的结果与正确的结果误差较小。所不同的是，MT 方法中的等值线与对角线的交线通过线性插值得到，而在 NMT 方法中则通过二次函数求解得到。对于第 3 种状态，这 3 种方法产生的结果差异比较大。MC 方法不能产生唯一的结果，需要进一步作二义性判断。MT 方法则根据不同的剖分方式产生两种不同的结果，实际上也存在着二义性。只有 NMT 方法无论对哪一种剖分方式都产生逼近正确曲线的同样的结果。

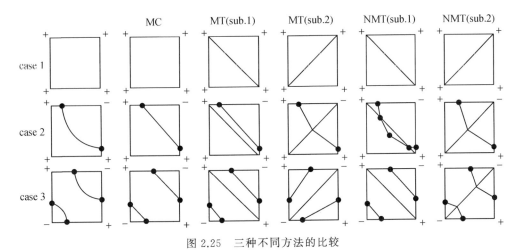

图 2.25　三种不同方法的比较

(图中每一行对应一种顶点函数的分布状态及不同的剖分方式,每一列对应一种方法生成的等值线)

2.2.4　剖分立方体方法(Dividing Cubes 方法)建模

当离散三维数据场的密度很高时,由 MC 方法在体元中产生的小三角面片,与屏幕上的像素差不多大,甚至还要小。因此,通过插值来计算小三角面片是不必要的。随着新一代 CT 和 MRI 等设备的出现,二维切片中图像的分辨率不断提高,断层不断变薄,已经接近并超过计算机屏幕显示的分辨率。在这种情况下,常用于三维表面生成的 MC 方法已不适用。于是,在 1988 年,Cline 和 Lorenson 两人提出了剖分立方体(Dividing Cubes)方法。

1. 算法描述

与 MC 方法一样,剖分立方体方法对数据场中的体元逐层、逐行、逐列地进行处理。当某一个体元 8 个角点的函数值均大于(或小于)给定的等值面的数值时,这就表明,等值面不通过该体元,因而不进行处理。当某一个体元 8 个角点的函数值中有的大于等值面的值,有的小于等值面的值,而此体元在屏幕上的投影又大于像素时,则将此体元沿 x、y、z 三个方向进行剖分直至其投影等于或小于像素时,再对所有剖分后的小体元的 8 个角点进行检测。当部分角点的函数值大于等值面的值、部分角点的函数值小于等值面的值时,将此小体元投影到屏幕上,形成所需要的等值面图像。否则,也不进行处理。

图 2.26 是一个体元剖分为小体元的示意图,子体元各角点的函数值及法向量是由体元的函数值及法向量通过三次线性插值得到的。

当一个小体元需要投影到屏幕上时,将该小体元处理成通过该体元中心点的一个小面片,一般称为表面点(surface-point)。该小面片含有空间几何位置、等值面的值及法向量等信息。投影方向确定后,即可利用计算机图形学中的光照模型计算出光强,并利用 Z-Buffer算法实现消隐,最后得出相应像素点的光强度值。采用绘制表面点而不是绘制体元内等值面的办法来绘制整个等值面,可以大量节省计算时间。当然,其结果仅为等值面的近似表示,但对于数据场密度值很高的医学图像来说,其视觉效果是可以接受的。

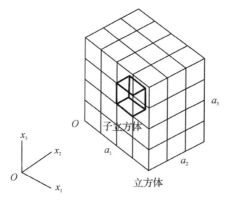

图 2.26 将与等值面相交的体元进行剖分

2.算法改进

(1) 插值系数检索表

当一个体元剖分为子体元时,小体元角点处的函数值及法向量是通过对体元角点处的函数值及法向量作三次线性插值得到的,由于剖分将多次进行,因而存在着大量的插值运算,为此,设计了一个插值系数表,从而可用查表代替插值运算,大大提高了计算速度。

如图 2.26 所示,设将一个体元分成 $a_1 \times a_2 \times a_3$ 个小体元。体元角点 O' 处的坐标为 (x_1, x_2, x_3),其函数值为 $f(x_1, x_2, x_3)$,其余 7 个角点的函数值为 $f(x_1+1, x_2, x_3)$,$f(x_1, x_2+1, x_3)$,$f(x_1, x_2, x_3+1)$,$f(x_1+1, x_2+1, x_3)$,$f(x_1+1, x_2, x_3+1)$,$f(x_1, x_2+1, x_3+1)$,$f(x_1+1, x_2+1, x_3+1)$。设小体元 P 相对于体元角点 O' 的坐标值为 (i, j, k),则根据三次线性插值公式,我们可以得到 P 点的函数值为

$$g_P(i,j,k) = \frac{1}{a_1 a_2 a_3}[(a_1-i) \cdot (a_2-j) \cdot (a_3-k) \cdot f(x_1, x_2, x_3) +$$
$$i \cdot (a_2-j) \cdot (a_3-k) \cdot f(x_1+1, x_2, x_3) + (a_1-i) \cdot j \cdot (a_3-k) \cdot f(x_1, x_2+1, x_3) +$$
$$(a_1-i) \cdot (a_2-j) \cdot k \cdot f(x_1, x_2, x_3+1) + i \cdot j \cdot (a_3-k) \cdot f(x_1+1, x_2+1, x_3) +$$
$$i \cdot (a_2-j) \cdot k \cdot f(x_1+1, x_2, x_3+1) + (a_1-i) \cdot j \cdot k \cdot f(x_1, x_2+1, x_3+1) +$$
$$i \cdot j \cdot k \cdot f(x_1+1, x_2+1, x_3+1)]$$

其中:$i=0,1,\cdots,a_1$;$j=0,1,\cdots,a_2$;$k=0,1,\cdots,a_3$。

若令
$$T(i,j,k) = \frac{ijk}{a_1 a_2 a_3}$$

则
$$g_P(i,j,k) = T(a_1-i, a_2-j, a_3-k) \cdot f(x_1, x_2, x_3) +$$
$$T(i, a_2-j, a_3-k) \cdot f(x_1+1, x_2, x_3) +$$
$$T(a_1-i, j, a_3-k) \cdot f(x_1, x_2+1, x_3) +$$
$$T(a_1-i, a_2-j, k) \cdot f(x_1, x_2, x_3+1) +$$
$$T(i, j, a_3-k) \cdot f(x_1+1, x_2+1, x_3) +$$
$$T(i, a_2-j, k) \cdot f(x_1+1, x_2, x_3+1) +$$
$$T(a_1-i, j, k) \cdot f(x_1, x_2+1, x_3+1) +$$
$$T(i,j,k) \cdot f(x_1+1, x_2+1, x_3+1) \tag{2.3}$$

同理可得该小体元角点处的法向为

$$N_P(i,j,k) = T(a_1-i, a_2-j, a_3-k) \cdot N(x_1,x_2,x_3) +$$
$$T(i, a_2-j, a_3-k) \cdot N(x_1+1,x_2,x_3) +$$
$$T(a_1-i, j, a_3-k) \cdot N(x_1,x_2+1,x_3) +$$
$$T(a_1-i, a_2-j, k) \cdot N(x_1,x_2,x_3+1) +$$
$$T(i, j, a_3-k) \cdot N(x_1+1,x_2+1,x_3) +$$
$$T(i, a_2-j, k) \cdot N(x_1+1,x_2,x_3+1) +$$
$$T(a_1-i, j, k) \cdot N(x_1,x_2+1,x_3+1) +$$
$$T(i,j,k) \cdot N(x_1+1,x_2+1,x_3+1) \tag{2.4}$$

其中：$N(x_1,x_2,x_3)$ 等分别为体元 8 个角点处的法向。在式(2.3)和式(2.4)中都含有插值系数 $T(i, j, k)(i=0,1,\cdots,a_1; j=0,1,\cdots,a_2; k=0,1,\cdots,a_3)$。由于每个体元都做同样的剖分,因而可以生成一个统一的插值系数表,在剖分时,角点的函数值及法向的三次线性插值系数可直接查表求得,因而减少了计算量,提高了计算速度。

(2) 面点(surface-point)跟踪的相关性算法

一个与等值面相交的体元剖分为小体元以后,需要继续检测哪些小体元与等值面相交。当子体元数目 $a_1 \cdot a_2 \cdot a_3$ 较大时,逐个计算小体元角点处的函数值,并且检测是否与等值面相交的计算量也较大。一般地,与等值面相交的小体元总是相邻的,因此可以利用这一相关性来排除不必要的小体元检测计算。

为此,需要求出等值面与体元所有的棱相交的交点。设棱 V_1V_2 与等值面相交,于是有

$$(f(V_1)-C_0)(f(V_2)-C_0) < 0$$

而交点位置可由下式决定:

$$S_1 = V_1 + (V_2-V_1)\frac{C_0-f(V_1)}{f(V_2)-f(V_1)}$$

用同样的方法可求出体元中各棱与等值面的所有交点 $S_1, S_2, S_3, \cdots$。对这些交点所在的小体元做上标记,将带标记的一个小体元作为相关性算法的种子点,从种子点出发,在与等值面相交的体元内用下述算法跟踪检测小体元,以求出面点。相关性算法描述如下:

```
Extracting(Subcube(r,s,t))
  {
  如果小体元 Subcube(r,s,t)属于体元 Cube 并与等值面相交,而且也没有处理过
  则{
      修改 Subcube(r,s,t)的标记;
      将面点 Surface-point(r,s,t)插入 L;        /*  L是存放面点的双链  */
      Extracting(Subcube(r-1,s,t));
      Extracting(Subcube(r,s-1,t));
      Extracting(Subcube(r,s,t-1));
      Extracting(Subcube(r+1,s,t));
```

```
        Extracting(Subcube(r,s+1,t));
        Extracting(Subcube(r,s,t+1));
    }
}
```

执行完上述算法后,再检查做了标记的小体元的标记是否都更改过了。假如仍有未更新的标记,则再一次将这个小体元作为种子点重新调用上述算法,从而得到所有的面点。一般地,在一个体元内与等值面相交的小体元数目是有限的,上述算法递归层次不深,不会影响算法效率。

3. Dividing Cubes 方法算法实现

```
vtkStandardNewMacro(vtkRecursiveDividingCubes);

vtkRecursiveDividingCubes::vtkRecursiveDividingCubes()
{
    this->Value = 0.0;
    this->Distance = 0.1;
    this->Increment = 1;
    this->Count = 0;
    this->Voxel = vtkVoxel::New();
}


vtkRecursiveDividingCubes::~vtkRecursiveDividingCubes()
{
this->Voxel->Delete();
}


static double X[3];                    // origin of current voxel
static double Spacing[3];              // spacing of current voxel
static double Normals[8][3];           // voxel normals
static vtkPoints * NewPts;             // points being generated
static vtkDoubleArray * NewNormals;    // points being generated
static vtkCellArray * NewVerts;        // verts being generated

int vtkRecursiveDividingCubes::RequestData(vtkInformation * vtkNotUsed(request),
    vtkInformationVector * * inputVector, vtkInformationVector * outputVector)
{
    // get the info objects
    vtkInformation * inInfo = inputVector[0]->GetInformationObject(0);
    vtkInformation * outInfo = outputVector->GetInformationObject(0);
```

```
// get the input and output
vtkImageData * input =
vtkImageData::SafeDownCast(inInfo->Get(vtkDataObject::DATA_OBJECT()));
vtkPolyData * output =
vtkPolyData::SafeDownCast(outInfo->Get(vtkDataObject::DATA_OBJECT()));


int i, j, k;
vtkIdType idx;
vtkDataArray * inScalars;
vtkIdList * voxelPts;
double origin[3];
int dim[3], jOffset, kOffset, sliceSize;
int above, below, vertNum;
vtkDoubleArray * voxelScalars;


vtkDebugMacro(<< "Executing recursive dividing cubes...");
//
// Initialize self; check input; create output objects
//
this->Count = 0;


// make sure we have scalar data
if (! (inScalars = input->GetPointData()->GetScalars()))
{
    vtkErrorMacro(<< "No scalar data to contour");
    return 1;
}


// just deal with volumes
if (input->GetDataDimension() ! = 3)
{
    vtkErrorMacro("Bad input: only treats 3D structured point datasets");
    return 1;
}
input->GetDimensions(dim);
input->GetSpacing(Spacing);
input->GetOrigin(origin);


// creating points
NewPts = vtkPoints::New();
NewPts->Allocate(50000, 100000);
NewNormals = vtkDoubleArray::New();
```

```
NewNormals->SetNumberOfComponents(3);
NewNormals->Allocate(50000, 100000);
NewVerts = vtkCellArray::New();
NewVerts->AllocateEstimate(50000, 1);
NewVerts->InsertNextCell(0); // temporary cell count

voxelPts = vtkIdList::New();
voxelPts->Allocate(8);
voxelPts->SetNumberOfIds(8);

voxelScalars = vtkDoubleArray::New();
voxelScalars->SetNumberOfComponents(inScalars->GetNumberOfComponents());
voxelScalars->Allocate(8 * inScalars->GetNumberOfComponents());

//
// Loop over all cells checking to see which straddle the specified value.
//Since we know that we are working with a volume, can create
// appropriate data directly.
//
sliceSize = dim[0] * dim[1];
for (k = 0; k < (dim[2] - 1); k++)
{
  kOffset = k * sliceSize;
  X[2] = origin[2] + k * Spacing[2];

  for (j = 0; j < (dim[1] - 1); j++)
  {
    jOffset = j * dim[0];
    X[1] = origin[1] + j * Spacing[1];

    for (i = 0; i < (dim[0] - 1); i++)
    {
      idx = i + jOffset + kOffset;
      X[0] = origin[0] + i * Spacing[0];

      // get point ids of this voxel
      voxelPts->SetId(0, idx);
      voxelPts->SetId(1, idx + 1);
      voxelPts->SetId(2, idx + dim[0]);
      voxelPts->SetId(3, idx + dim[0] + 1);
      voxelPts->SetId(4, idx + sliceSize);
      voxelPts->SetId(5, idx + sliceSize + 1);
```

```
        voxelPts->SetId(6, idx + sliceSize + dim[0]);
        voxelPts->SetId(7, idx + sliceSize + dim[0] + 1);

        // get scalars of this voxel
        inScalars->GetTuples(voxelPts, voxelScalars);

        // loop over 8 points of voxel to check if cell straddles value
        for (above = below = 0, vertNum = 0; vertNum < 8; vertNum++)
        {
          if (voxelScalars->GetComponent(vertNum, 0) >= this->Value)
          {
            above = 1;
          }
          else
          {
            below = 1;
          }

          if (above && below) // recursively generate points
          {                      // compute voxel normals and subdivide
            input->GetPointGradient(i, j, k, inScalars, Normals[0]);
            input->GetPointGradient(i + 1, j, k, inScalars, Normals[1]);
            input->GetPointGradient(i, j + 1, k, inScalars, Normals[2]);
            input->GetPointGradient(i + 1, j + 1, k, inScalars, Normals[3]);
            input->GetPointGradient(i, j, k + 1, inScalars, Normals[4]);
            input->GetPointGradient(i + 1, j, k + 1, inScalars, Normals[5]);
            input->GetPointGradient(i, j + 1, k + 1, inScalars, Normals[6]);
            input->GetPointGradient(i + 1, j + 1, k + 1, inScalars, Normals[7]);

            this->SubDivide(X, Spacing, voxelScalars->GetPointer(0));
          }
        }
      }
    }
  }
}

voxelPts->Delete();
voxelScalars->Delete();
NewVerts->UpdateCellCount(NewPts->GetNumberOfPoints());
vtkDebugMacro(<< "Created " << NewPts->GetNumberOfPoints() << " points");
//
// Update ourselves and release memory
```

```
    //
    output->SetPoints(NewPts);
    NewPts->Delete();

    output->SetVerts(NewVerts);
    NewVerts->Delete();

    output->GetPointData()->SetNormals(NewNormals);
    NewNormals->Delete();

    output->Squeeze();

    return 1;
}


static int ScalarInterp[8][8] = {
    { 0, 8, 12, 24, 16, 22, 20, 26 },
    { 8, 1, 24, 13, 22, 17, 26, 21 },
    { 12, 24, 2, 9, 20, 26, 18, 23 },
    { 24, 13, 9, 3, 26, 21, 23, 19 },
    { 16, 22, 20, 26, 4, 10, 14, 25 },
    { 22, 17, 26, 21, 10, 5, 25, 15 },
    { 20, 26, 18, 23, 14, 25, 6, 11 },
    { 26, 21, 23, 19, 25, 15, 11, 7 },
};


#define VTK_POINTS_PER_POLY_VERTEX 10000

void vtkRecursiveDividingCubes::SubDivide(double origin[3], double h[3], double values[8])
{
    int i;
    double hNew[3];

    for (i = 0; i < 3; i++)
    {
        hNew[i] = h[i] / 2.0;
    }

    // if subdivided far enough, create point and end termination
    if (h[0] < this->Distance && h[1] < this->Distance && h[2] < this->Distance)
    {
        vtkIdType id;
```

```
double x[3], n[3];
double p[3], w[8];

for (i = 0; i < 3; i++)
{
  x[i] = origin[i] + hNew[i];
}

if (! (this->Count++ % this->Increment)) // add a point
{
  id = NewPts->InsertNextPoint(x);
  NewVerts->InsertCellPoint(id);
  for (i = 0; i < 3; i++)
  {
    p[i] = (x[i] - X[i]) / Spacing[i];
  }
  vtkVoxel::InterpolationFunctions(p, w);
  for (n[0] = n[1] = n[2] = 0.0, i = 0; i < 8; i++)
  {
    n[0] += Normals[i][0] * w[i];
    n[1] += Normals[i][1] * w[i];
    n[2] += Normals[i][2] * w[i];
  }
  vtkMath::Normalize(n);
  NewNormals->InsertTuple(id, n);

  if (! (NewPts->GetNumberOfPoints() % VTK_POINTS_PER_POLY_VERTEX))
  {
    vtkDebugMacro(<< "point# " << NewPts->GetNumberOfPoints());
  }
}

return;
}

// otherwise, create eight sub-voxels and recurse
else
{
  int j, k, idx, above, below, ii;
  double x[3];
  double newValues[8];
  double s[27], scalar;
```

```
for (i = 0; i < 8; i++)
{
    s[i] = values[i];
}

s[8] = (s[0] + s[1]) / 2.0; // edge verts
s[9] = (s[2] + s[3]) / 2.0;
s[10] = (s[4] + s[5]) / 2.0;
s[11] = (s[6] + s[7]) / 2.0;
s[12] = (s[0] + s[2]) / 2.0;
s[13] = (s[1] + s[3]) / 2.0;
s[14] = (s[4] + s[6]) / 2.0;
s[15] = (s[5] + s[7]) / 2.0;
s[16] = (s[0] + s[4]) / 2.0;
s[17] = (s[1] + s[5]) / 2.0;
s[18] = (s[2] + s[6]) / 2.0;
s[19] = (s[3] + s[7]) / 2.0;

s[20] = (s[0] + s[2] + s[4] + s[6]) / 4.0; // face verts
s[21] = (s[1] + s[3] + s[5] + s[7]) / 4.0;
s[22] = (s[0] + s[1] + s[4] + s[5]) / 4.0;
s[23] = (s[2] + s[3] + s[6] + s[7]) / 4.0;
s[24] = (s[0] + s[1] + s[2] + s[3]) / 4.0;
s[25] = (s[4] + s[5] + s[6] + s[7]) / 4.0;

s[26] = (s[0] + s[1] + s[2] + s[3] + s[4] + s[5] + s[6] + s[7]) / 8.0; // middle

for (k = 0; k < 2; k++)
{
    x[2] = origin[2] + k * hNew[2];

    for (j = 0; j < 2; j++)
    {
        x[1] = origin[1] + j * hNew[1];

        for (i = 0; i < 2; i++)
        {
            idx = i + j * 2 + k * 4;
            x[0] = origin[0] + i * hNew[0];

            for (above = below = 0, ii = 0; ii < 8; ii++)
```

```
        {
          scalar = s[ScalarInterp[idx][ii]];

          if (scalar >= this->Value)
          {
            above = 1;
          }
          else
          {
            below = 1;
          }

          newValues[ii] = scalar;
        }

        if (above && below)
        {
          this->SubDivide(x, hNew, newValues);
        }
      }
    }
  }
}

int vtkRecursiveDividingCubes::FillInputPortInformation(int, vtkInformation * info)
{
  info->Set(vtkAlgorithm::INPUT_REQUIRED_DATA_TYPE(), "vtkImageData");
  return 1;
}

void vtkRecursiveDividingCubes::PrintSelf(ostream& os, vtkIndent indent)
{
  this->Superclass::PrintSelf(os, indent);

  os << indent << "Value: " << this->Value << "\\n";
  os << indent << "Distance: " << this->Distance << "\\n";
  os << indent << "Increment: " << this->Increment << "\\n";
}
```

2.2.5 Delaunay 三角剖分方法与 MC 方法的比较

两种建模方法各有优缺点。Delaunay 三角剖分建模适用的范围比较广,既可用于无组织的点云数据建模,又可用于规则点云数据建模,而 MC 方法只能用于规则点云数据建模。在运行的时间效率方面,Delaunay 三角剖分时间复杂度较高,建模速度慢,而 MC 方法时间复杂度低,建模速度很快。在模型质量方面,Delaunay 三角剖分更能突出模型的细节部分,需要选择适当的 α 值才能得到高质量的模型,如果 α 值设置不当,建模结果会形成空洞,造成模型表面不连续,而且可能产生一些退化三角面,影响建模效果,而 MC 方法不会形成空洞,因为该方法抽取出的等值面是由许多个等值面片组成的连续曲面。但是,在 MC 方法中,等值面片与边界体元表面的交线是一条双曲线,算法中是用一条直线来近似表示这条双曲线的,这样会引起误差。如果体元很小,这一误差是可以忽略不计的。对于稀疏的三维数据场,这种近似引起的误差是难以容忍的,需要通过自适应剖分算法将三角形按给定的逼近精度递归地分成子三角形,使这些子三角形的顶点满足方程式 $f(x,y,z)=C_0$,且子三角形与等值面的最大距离小于给定的容差。所以,对于稀疏的三维数据场,MC 方法会有较高的时间复杂度。另外,MC 方法不能表现出模型的局部细节部分,但模型整体效果比较好。图 2.27 为两种不同算法的建模结果,由图可以明显看到 Delaunay 三角剖分比 MC 方法更能突出模型的细节部分,但模型整体效果不如 MC 方法好。

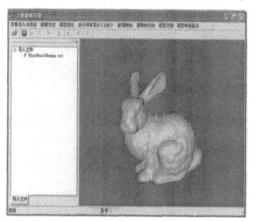

Delaunay三角剖分建模   MC方法建模

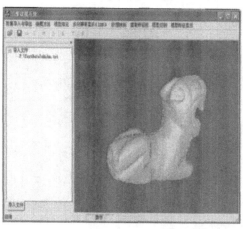
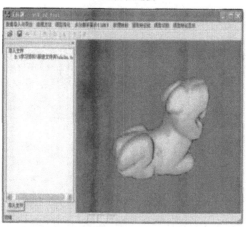

Delaunay三角剖分建模   MC方法建模

图 2.27 两种不同算法的建模结果

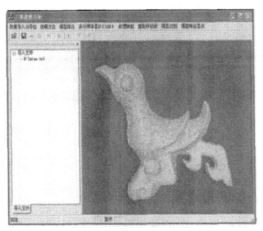 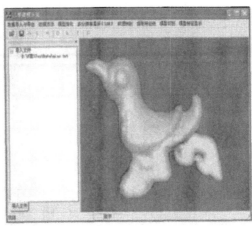

Delaunay三角剖分建模　　　　　　　　　　MC方法建模

续图 2.27　两种不同算法的建模结果

第3章 模型简化

3.1 模型简化的意义

随着数据采集技术水平的提高以及更精细的计算机仿真建模技术的出现,在计算机图形学、计算机辅助设计技术、地理信息系统等领域内所构造和使用的模型越来越复杂。模型复杂程度的提高,对计算机的存储容量、计算速度、传输速率均提出了很高的要求。模型简化是指采用适当的算法减少该模型的面片数、边数和顶点数。模型的简化对于其存储、传输、处理以及实时绘制有重要的意义。

3.2 模型简化方法的分类

模型简化方法可以有多种不同的分类,例如:保持拓扑结构和不保持拓扑结构的模型简化方法,逐步求精方法和几何简化方法,误差受限或不受限的模型简化方法,模型简化的静态方法及动态方法,与观察方向无关及与观察方向有关的模型简化方法,等等。

3.3 改进的顶点聚类算法

3.3.1 算法简介

该算法是 Rossignac 和 Borrel 提出的顶点聚类算法以及 Garland 和 Heckbert 提出的二次误差测度(QEM)的综合。通过引入二次误差测度这一变量来求网格单元中的最优代表点,从而提高了简化速度和简化质量。下面分别对顶点聚类算法和二次误差测度进行简要描述。

顶点聚类方法首先用一个包围盒将原始模型包围起来,然后通过空间划分将包围盒分成若干个区域,原始模型的所有顶点分别落在这些小区域内,将同一区域内的顶点合并成一个新顶点,再根据原始网格的拓扑关系对这些新顶点进行三角化,从而得到简化模型,其过程如图 3.1 所示。这种算法不能保持原模型的拓扑结构,可以处理任意拓扑类型的网格模型。由于这种方法是将模型的包围盒均匀分割,所以无法保持那些大于分割频率的特征,同时新顶点的生成只是采取简单的加权平均,而没有较好的误差控制,生成的模型质量不高。对顶点聚类算法进行改进,采用二次误差矩阵这一几何误差度量来确定新代表顶点,将代表顶点设置在到小格内每个三角形所在平面的距离平方和最小的位置,算法的简化结果质量较好。

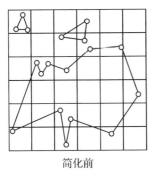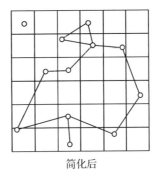

简化前　　　　　　　　　简化后

图 3.1　顶点聚类法的简化过程

二次误差测度(QEM)以点到平面距离的平方和作为误差测度,对于顶点 v,与其相对应的三角面的集合记为 planes(v),Garland 定义顶点 v 的二次误差测度等于 v 到这些三角面的距离平方和:

$$\Delta(\boldsymbol{v})=\Delta([v_x\ v_y\ v_z\ 1]^{\mathrm{T}})=\sum_{p\in\mathrm{planes}(v)}(\boldsymbol{p}^{\mathrm{T}}\boldsymbol{v})^2$$

其中:$\boldsymbol{v}=[v_x\ v_y\ v_z\ 1]^{\mathrm{T}}$,$\boldsymbol{p}=[a\ b\ c\ d]^{\mathrm{T}}$,$p$ 表示三维空间中的一个平面,平面方程为 $ax+by+cz+d=0$ $(a^2+b^2+c^2=1)$,平面法向量为 $\boldsymbol{n}=[a\ b\ c]^{\mathrm{T}}$。上式可以写成如下形式:

$$\Delta(\boldsymbol{v})=\sum_{p\in\mathrm{planes}(v)}(\boldsymbol{v}^{\mathrm{T}}\boldsymbol{p})(\boldsymbol{p}^{\mathrm{T}}\boldsymbol{v})$$
$$=\sum_{p\in\mathrm{planes}(v)}\boldsymbol{v}^{\mathrm{T}}(\boldsymbol{p}\,\boldsymbol{p}^{\mathrm{T}})\boldsymbol{v}$$
$$=\boldsymbol{v}^{\mathrm{T}}\Big(\sum_{p\in\mathrm{planes}(v)}\boldsymbol{K}_p\Big)\boldsymbol{v}$$

$$\boldsymbol{K}_p=\boldsymbol{p}\,\boldsymbol{p}^{\mathrm{T}}=\begin{bmatrix}a^2&ab&ac&ad\\ab&b^2&bc&bd\\ac&bc&c^2&cd\\ad&bd&cd&d^2\end{bmatrix}$$

令 $\boldsymbol{Q}=\sum_{p\in\mathrm{planes}(v)}\boldsymbol{K}_p$ 为顶点 $\boldsymbol{v}$ 的二次误差测度矩阵,$\boldsymbol{Q}$ 是一个 4×4 的对称矩阵。则二次误差测度可以表示为 $\Delta(\boldsymbol{v})=\boldsymbol{v}^{\mathrm{T}}\boldsymbol{Q}\boldsymbol{v}$,二次误差 $\Delta(\boldsymbol{v})$ 的方程式形式如下:

$$\boldsymbol{v}^{\mathrm{T}}\boldsymbol{Q}\boldsymbol{v}=q_{11}x^2+2q_{12}xy+2q_{13}xz+2q_{14}x+q_{22}y^2+$$
$$2q_{23}yz+2q_{24}y+q_{33}z^2+2q_{34}z+q_{44}$$

一般地,$\Delta(\boldsymbol{v})=\in$ 表示一个二次曲面,该曲面由点的集合组成,这些点与二次误差矩阵 $\boldsymbol{Q}$ 相关的二次误差为 $\in$。由于二次误差函数是一个二次方程式,求该方程的最小值是一个线性问题,函数取得最小值时,该函数对自变量 x、y、z 的偏微分必然都为 0,即 $\partial\Delta/\partial x=\partial\Delta/\partial y=\partial\Delta/\partial z=0$,这等价于求解如下方程式:

$$\begin{bmatrix}q_{11}&q_{12}&q_{13}&q_{14}\\q_{12}&q_{22}&q_{23}&q_{24}\\q_{13}&q_{23}&q_{33}&q_{34}\\0&0&0&1\end{bmatrix}\bar{\boldsymbol{v}}=\begin{bmatrix}0\\0\\0\\1\end{bmatrix}$$

如果二次误差测度矩阵 Q 是一个可逆矩阵,则上式可以写成如下形式:

$$\bar{v} = \begin{bmatrix} q_{11} & q_{12} & q_{13} & q_{14} \\ q_{12} & q_{22} & q_{23} & q_{24} \\ q_{13} & q_{23} & q_{33} & q_{34} \\ 0 & 0 & 0 & 1 \end{bmatrix}^{-1} \begin{bmatrix} 0 \\ 0 \\ 0 \\ 1 \end{bmatrix}$$

由上式可直接求出到 n 个平面距离最小的点,即最优代表点。如果二次误差测度矩阵 Q 不可逆,可以采用最小二乘法计算最优近似解,因为求二次误差测度的最小值实质上相当于求解以下关于 x、y、z 的方程组:

$$\begin{cases} a_1 x + b_1 y + c_1 z + d_1 = 0 \\ \cdots\cdots \\ a_n x + b_n y + c_n z + d_n = 0 \end{cases}$$

以上方程组试图求解位于 n 个平面上的点(该点到所有平面的距离均为 0)。当 $n > 3$ 时,方程一般无解。但可以采用最小二乘法计算该方程的最优近似解,即求出到这 n 个平面距离最小的点。

3.3.2　算法实现

对于均匀划分后的模型,算法通过顺序读入每个三角形,将三角形的三个顶点的二次误差矩阵叠加到它落入的 Cell 中,求解每个非空 Cell 中的最优代表点,最后,那些三个顶点落入不同 Cell 的三角形作为简化结果。

确定聚类格网之后,每次读入原始模型 T_{in} 中的一个三角形 t,获取三角形三个顶点的坐标,为三角形的每个顶点构造一个来自格网单元的哈希关键字(即此顶点所在格网单元的编号),并构造一个哈希查找表,这个动态哈希表将实现格网单元 Cell 与简化模型中顶点的对应关系。如果一个格网单元还没有被访问,就增加一个新的输出顶点的标识变量 V_{out},并把与 V_{out} 相关的二次误差矩阵初始化为空。如果此三角形的两个以上的顶点属于同一个格网单元 Cell,那么它将简化为一条边或一个顶点,在简化模型中不被输出。否则,把此三角形的顶点索引加入简化模型的顶点集合 V_{out} 中,把三角形加入简化模型的三角形集合 T_{out} 中。计算三角形各个顶点的二次误差矩阵,并把各个顶点的二次误差矩阵累加到该顶点所属的格网单元 Cell 中。然后继续读入原始模型 T_{in} 中的下一个三角形,并对其进行上述相同的处理,直到原始模型 T_{in} 中的所有三角形都被处理完为止,最后会得到一个二次误差矩阵列表和一个三角形列表,二次误差矩阵列表中每一个值都对应着属于同一个格网单元的顶点和三角形的累加二次误差矩阵,由这个二次误差矩阵可以计算出该格网单元中的新代表顶点 V_{out},即简化模型中的一个顶点。最后输出集合 V_{out} 和集合 T_{out} 中的所有元素即可得到简化模型。

3.3.3　实验结果

本书的实验数据包括石狮和小兔子的三维数据,首先对石狮和小兔子的数据分别采用第 2 章中给出的 MC 方法建模,得到原始模型,然后用上述算法对原始模型进行简化。图 3.2 给出了简化比率分别为 60% 和 30% 时的简化结果,其中 1 为石狮模型,2 为小兔子模型。

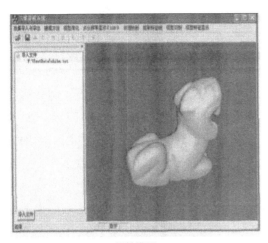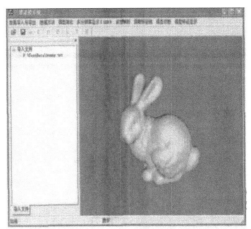

原始模型1   原始模型2

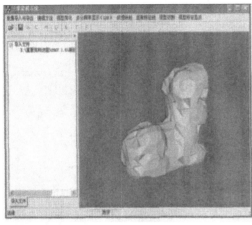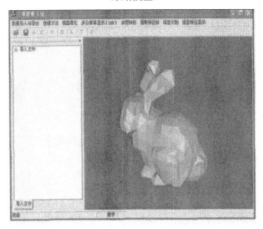

简化模型(60%)1   简化模型(60%)2

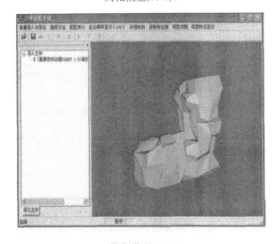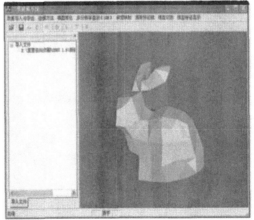

简化模型(30%)1   简化模型(30%)2

图 3.2   不同简化比率下的简化结果图

3.4 PM 算法

3.4.1 PM算法的基本原理

PM(Progressive Meshes)算法是由 Hoppe 在 1996 年提出的一种三维网格模型简化方法,该算法的基本原理是通过边的迭代收缩来实现网格模型的简化。在每一次迭代过程中,原始网格 M 中的一条边及其相邻的三角形被删除,网格的分辨率随之降低,最后得到一个较粗糙的简化网格 M^0 以及一系列细节信息记录。根据这一系列细节信息记录,重新向网格中插入顶点和三角形,还可以恢复出原始模型。从 M 到 M^0 的简化过程是通过一系列边收缩(ecol)操作来实现的,如图 3.3 所示。假设某次迭代从网格中删除的边为 (v_s, v_t),则它的两个顶点 v_s、v_t 被合并成一个新的顶点 v_s',同时,与这条边相邻的两个三角形被删除,如果 (v_s, v_t) 是边界上的边,则只删除一个三角形。随着边收缩操作的执行,网格中的顶点和三角形逐渐减少,网格的分辨率随之降低。相反,从 M^0 重建出 M 的过程是通过边收缩操作的逆过程来实现的,相应地把这一过程称为点分裂(vsplit),重建过程如图 3.4 所示。每一次点分裂过程中,网格中的一个顶点 v_s' 被分裂成两个新顶点 v_s、v_t,从而可以形成一条新边 (v_s, v_t),并在网格中增加两个三角形 f_1 和 f_r,如果 (v_s, v_t) 是边界上的边,则只增加一个三角形。随着顶点的分裂与三角形的增加,网格的分辨率逐渐提高。边收缩与点分裂如图 3.5 所示。

$$(\hat{M} = M^n) \xrightarrow{\text{ecol}_{n-1}} \cdots \xrightarrow{\text{ecol}_{n-1}} M^1 \xrightarrow{\text{ecol}_0} M^0$$

图 3.3 简化过程

$$M^0 \xrightarrow{\text{vsplit}_0} M^1 \xrightarrow{\text{vsplit}_1} \cdots \xrightarrow{\text{vsplit}_{n-1}} (M^n = \hat{M})$$

图 3.4 重建过程

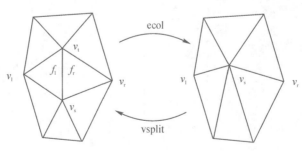

图 3.5 边收缩与点分裂

设 M^0 中的顶点数为 m_0,则 M^i 中的顶点可以表示为集合:$V^i = \{v_1, v_2, \cdots, v_{m_0+i}\}$,边 $\{v_{si}, v_{m_0+i+1}\}$ 的收缩 ecol_i 可以用图 3.6 来表示。

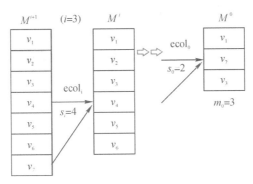

图 3.6　边收缩过程示意图

边收缩与点分裂变化有一个很好的性质,就是在 M^i 与 M^{i+1} 之间存在一个光滑的视觉过渡,称为 geomorph。由于单个的边收缩变化可以被光滑地过渡,因此,边收缩的任意序列的合成也可以被光滑地过渡。在 PM 序列中,任意两个中间的简化模型之间都可以构造一个几何变形。例如:给定一个较精细的模型 M^f 和一个较粗糙的模型 M^c,$0 \leqslant c < f \leqslant n$,这两个模型的顶点之间存在一个自然的对应关系,即 M^f 中的每个顶点在一种满射 A^c 的作用下与 M^c 中一个唯一的祖先顶点相关,这种满射由构造一个边收缩变化的序列而得到。M^f、A^c、M^c 之间的关系如图 3.7 所示。

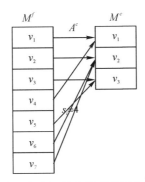

图 3.7　任意两个中间简化模型的顶点的对应关系

3.4.2　算法实现

对原始网格 M 的简化过程就是执行一系列边收缩操作的过程。在每一步边收缩操作中,需要将被删除的顶点和三角形的信息保存在点分裂记录中,以便在网格重建过程中加以恢复。网格简化的基本算法如下:

1)从等待删除的边的集合中找出下一步要删除的边 (v_s, v_t);

2)对边 (v_s, v_t) 执行边收缩操作,删除边 (v_s, v_t) 及其相邻的两个三角形,并将点分裂信息 $(v_s, v_t, v_1, v_r, \text{split\_type}, \Delta v)$ 加入点分裂记录序列;

3)更新待删除边的集合;

4)如果满足结束条件则退出,否则转 1),继续下一次边收缩操作。

其中,Δv 表示点分裂过程中顶点的坐标增量,split_type 表示点分裂的类型,在边收缩过程中它决定生成的新顶点的位置,在点分裂过程中,需要根据这一参数恢复邻域的三角形相邻关系。

在上述算法中需要解决的难题很多,例如:边的简化顺序,即如何决定下一步对哪一条边执行边收缩操作;新顶点位置的选取方法,即对边 (v_s,v_t) 进行收缩时,新顶点 v_s' 的位置应该如何计算;算法的结束条件,即 PM 算法在满足什么条件时结束。现在对这些关键问题作详细论述。

1. 边的简化顺序

最简单的选择方法是完全随机地选取下一条要删除的边,这样算法的计算效率比较高,但是简化模型的质量降低。最优的选择方法是在每次迭代中求解最优化方程,找到最优的选择,这样虽然可以得到高质量的简化模型,但算法的时间复杂度很高。

本书采用"贪婪法"策略来寻找近似最优的选择:首先为每一条边计算一个权值,它对应于该边的收缩代价,即它被删除后在模型中引入的误差大小。而后对于每个三角形,取其最小的边权为该三角形的权值。在网格简化过程中,每次只需要找到权值最小的三角形,并删除其权值对应的边即可。这样权值较小的边将被优先删除。边的权值定义应当能够反映模型局部几何变化的大小,同时具有较为简单的表达形式和较低的计算复杂度,这样才能在保证较高的简化质量的同时降低计算代价。

边的权值可以有多种定义方式,最简单的是用边长作为权值,每次删除网格中边长最短的边,因为删除一条边长较短的边对模型总体几何形状的影响比较小,从而引入的误差也比较小。但是,这种方法会使模型在简化过程中边长趋于平均,不利于保存模型表面的几何特性。因此本书采用一种改进的方法给边赋权值,使得模型表面的几何特性,尤其是曲率较大部分的特性得到更好的保持。

设顶点 v_i 和 v_j 的法向量分别为 n_i 和 n_j,这两个法向量夹角的余弦为

$$c_{i,j} = \cos < n_i, n_j > = \frac{n_i \, n_j}{|n_i| \, |n_j|}$$

边 (v_s, v_t) 的权值可以定义为

$$w_{s,t} = L_{s,t} - \frac{1}{2} \left(\min_{v_i \in v_s.\text{corners}} c_{s,i} + \min_{v_j \in v_t.\text{corners}} c_{t,j} \right)$$

其中:$L_{s,t}$ 表示边 (v_s, v_t) 的长度;$\min\limits_{v_i \in v_s.\text{corners}} c_{s,i}$ 表示顶点 v_s 的法向量与其相邻顶点的法向量之间夹角余弦的最小值,即顶点 v_s 的法向量与其相邻顶点的法向量之间的最大夹角;$\min\limits_{v_j \in v_t.\text{corners}} c_{t,j}$ 表示顶点 v_t 的法向量与其相邻顶点的法向量之间夹角余弦的最小值,即顶点 v_t 的法向量与其相邻顶点的法向量之间的最大夹角。而法向量之间夹角的大小反映了相应顶点 v_s 和 v_t 的邻域内的曲率大小,网格表面的曲率越大,几何特征变化越显著,所以相应邻域内边的删除引入的误差就越大。由式可以得出:$w_{s,t}$ 越大,删除边 (v_s, v_t) 时引入的误差越大,从而在进行模型简化时,先选取 $w_{s,t}$ 最小的边进行收缩,这样可以得到简化效果较好的模型。

在式中括号中的两项分别表示法向量夹角的余弦值,所以它们的取值总在[−1, 1]中,为了避免在边长很大的情况下失去作用,即它们的值对 $w_{s,t}$ 影响很小,对式改进如下:

$$w_{s,t} = L_{s,t} \cdot \left[1 - \frac{1}{2} \left(\min_{v_i \in v_s.\text{corners}} c_{s,i} + \min_{v_j \in v_t.\text{corners}} c_{t,j} \right) \right]$$

计算出模型中每一条边的权值后,在简化过程中,需要不断找到权值最小的边进行相应的边收缩操作,为了提高查找速度,本书采用堆排序的方法得到一个边的序列,使其权值按从小到大的顺序排列。堆排序只需要一个记录大小的辅助空间,每个待排序的记录仅占有一个存储空间,是一种时间性能与空间性能均较好的排序方法。

堆的定义如下:n 个元素的序列 $\{k_1, k_2, \cdots, k_n\}$,当且仅当满足以下关系时,称之为堆。

$$\begin{cases} k_i \leqslant k_{2i} \\ k_i \leqslant k_{2i+1} \end{cases} \quad \text{或} \quad \begin{cases} k_i \geqslant k_{2i} \\ k_i \geqslant k_{2i+1} \end{cases} \qquad (i = 1, 2, \cdots, \lfloor n/2 \rfloor)$$

若将和此序列对应的一维数组(即以一维数组作此序列的存储结构)看成是一个完全二叉树,则堆的含义表明,完全二叉树中所有非终端结点的值均不大于(或不小于)其左、右孩子结点的值。由此,若序列 $\{k_1, k_2, \cdots, k_n\}$ 是堆,则堆顶元素(或完全二叉树的根)必为序列中 n 个元素的最小值(或最大值)。在输出堆顶的最小值之后,使得剩余 $n-1$ 个元素的序列重又建成一个堆,则得到 n 个元素中的次小值。如此反复执行,便能得到一个有序序列,这个过程称为堆排序。

输出堆顶元素之后,以堆中最后一个元素替代之,此时根结点的左、右子树均为堆,则仅需自上至下进行调整即可。首先以堆顶元素和其左、右子树根结点的值比较之,取其中的最小值与根结点的值进行交换,交换后,左子树或右子树的堆被破坏了,则需进行和上述相同的调整,直至叶子结点,这时堆顶元素即为次小值,输出次小值后,再将堆顶元素和堆中最后一个元素交换,重复上述调整过程,直至得到所有的边的按权值递增的有序序列。这个自堆顶至叶子的调整过程称为筛选,从一个无序序列建堆的过程就是一个反复筛选的过程。若将此序列看成是一个完全二叉树,则最后一个非终端结点是第 $\lfloor n/2 \rfloor$ 个元素,由此筛选只需从第 $\lfloor n/2 \rfloor$ 个元素开始。

堆排序方法对待排序记录较多时是十分有效的,因为其运行时间主要耗费在建初始堆和调整建新堆时进行的反复筛选上。对深度为 h 的堆,筛选算法中进行的关键字比较次数至多为 $2(h-l)$ 次,则在建含 n 个元素、深度为 h 的堆时,总共进行的关键字比较次数不超过 $4n$。而 n 个结点的完全二叉树的深度为 $\lfloor \log_2 n \rfloor + l$,则调整建新堆时调用筛选过程 $n-1$ 次,总共进行的比较次数不超过 $2n(\lfloor \log_2 n \rfloor)$。所以堆排序在最坏的情况下,其时间复杂度也仅为 $O(n\log_2 n)$,而传统的起泡排序的时间复杂度为 $O(n^2)$,而且堆排序仅需一个记录大小供交换用的辅助存储空间。

2. 新顶点位置的选取

在对边 (v_s, v_t) 进行收缩时,新顶点的位置可以采用如下的选取方法:若 v_s、v_t 其中之一是边界上的顶点,则新顶点的位置就取该顶点的位置;若都不是边界上的顶点,则新顶点取边的中点。这种选择方法是依据模型的边界特征,在简化过程中尽可能保持边界顶点的位置,这样可以保存边界部分的几何特征,从而取得较好的简化结果。

3. 算法的结束条件

算法的结束条件可以是以下三种之一:边收缩引入的误差达到一定阈值,被删除的顶点数达到一定数目,被删除的顶点数与原顶点数之比达到一定值。

3.4.3 实验结果

首先对石狮和小兔子的数据分别采用第 2 章中给出的 MC 方法建模,得到原始模型,然后用 PM 算法对原始模型进行简化。图 3.8 给出了简化比率为 70% 时的简化结果,其中 1 为石狮模型,2 为小兔子模型。

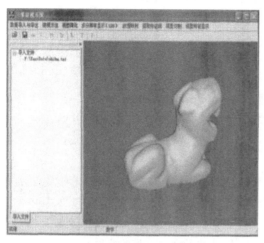

原始模型1 简化模型(70%)1

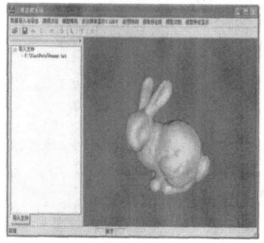 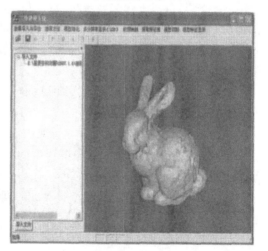

原始模型2 简化模型(70%)2

图 3.8 PM 算法进行模型简化的结果图

3.4.4 基于 PM 的网格重建

PM 算法通过边的迭代收缩来实现网格模型的简化,在每一次迭代过程中,原始网格 M 中的一条边及其相邻的三角形被删除,网格的分辨率随之降低,最后得到一个较粗糙的简化

网格 M^0 以及一系列细节信息记录。根据这一系列细节信息记录，重新向网格中插入顶点和三角形，可以恢复出原始模型，这一过程称为网格重建。网格重建过程就是按照边收缩操作的逆顺序执行点分裂操作的过程，基本算法如下：

1）从点分裂记录序列中读入下一条点分裂记录 $\{v_s, v_t, v_1, v_r, \text{split\_type}, \Delta v\}$；

2）向网格中插入新顶点 v_t，并根据 split_type 和 Δv 恢复出 v_s 和 v_t 的坐标；

3）根据 split_type，将适当的三角形从 v_s.corners 移动到 v_t.corners，恢复 v_s 和 v_t 邻域内的拓扑连接关系；

4）向网格中插入两个新的三角形：$f_1 = \{v_1, v_s, v_t\}$ 和 $f_r = \{v_r, v_t, v_s\}$，若 v_r 不存在，则只插入 f_1；

5）恢复 v_s、v_t 及其邻域内各顶点的法向量；

6）如果已执行到点分裂记录序列的尾端，则结束，否则转 1），读取下一条记录。

在上述算法中，关键问题是如何在点分裂操作中恢复顶点和三角形之间的拓扑连接关系。本书采用平面切割的方法来确定 v_s 邻域中的哪些三角形应该被移动到 v_t 的邻域中。首先用两个平面切割 v_s 的邻域，这两个平面由 v_s 的法向量和顶点 v_1、v_r 来确定。设向量 $n_1 = (v_s, v_1)$，$n_2 = (v_s, v_r)$，v_s 的法向量为 n_s，n_1 与 n_s 确定的平面记作 P_1，n_2 与 n_s 确定的平面记作 P_2，如图 3.9 所示，切割后 v_s 的邻域被分成两个部分，一部分是靠近 v_s 的三角形集合，一部分是靠近 v_t 的三角形集合，我们就是要把靠近 v_t 的三角形集合从 v_s 的邻域中移动到 v_t 的邻域中。

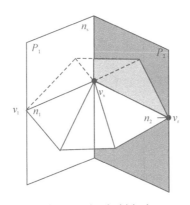

图 3.9 平面切割方法

一般情况下，用两个平面 P_1、P_2 切割 v_s 的邻域后，会产生两种情形，如图 3.10 所示。我们分别用邻域中每个三角形 T 的中心 T_0 与 v_s 的位置作比较，在图 3.10(a) 的情形下，需要移动到 v_t 邻域中的三角形区域（灰色部分）大于应保留在 v_s 邻域中的区域（白色部分），这时，当 T_0 与 v_s 位于 P_1、P_2 二者之一的异侧时，则把该三角形移动到 v_t 的邻域中。在图 3.10(b) 的情形下，需要移动的区域小于应保留的区域，这时，当 T_0 与 v_s 同时位于 P_1 和 P_2 的异侧时，才将该三角形移动到 v_t 的邻域中。

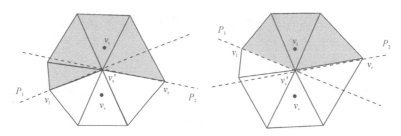

图 3.10　点分裂过程中平面切割的两种情况

以上是一般情况下的处理方法,当 v_s 或 v_t 的邻域内存在边界时,本书在不同的边界情形下,分类采用了不同的处理方式,使运算得到了简化。v_s 或 v_t 的邻域内存在边界时可以分为四种情形,如图 3.11 所示,具体的分类方法及处理策略如下:

0 型:v_t 是边界点,且边收缩前它的邻域内只包含 f_l 和 f_r 两个三角形,当 (v_s, v_t) 为边界时,则只包含 f_l 或 f_r。这种情况下不需要对邻接关系进行恢复,所以不需要进行平面切割,直接插入 f_l 和 f_r 即可。

1 型:v_s 是边界点,且边收缩前它的邻域内只包含 f_l 和 f_r 两个三角形,当 (v_s, v_t) 为边界时,则只包含 f_l 或 f_r。这种情况下不需要进行平面切割,只需将 v_s 邻域中的三角形全部移入 v_t 邻域中即可。

2 型:v_s 和 v_t 中至多有一个是边界点,并且除了 f_l 和 f_r 之外,它们的邻域内都包含其它三角形。这种情况下,需要使用两个平面对 v_s 的邻域进行切割,找到需要移动的三角形和插入新三角形的位置。

3 型:(v_s, v_t) 恰好是一条边界上的边,并且除了 f_l 之外(f_r 不存在),它们的邻域内都包含其他三角形。这种情况与 2 型相类似,只是由于 v_r 不存在,所以只需要用一个平面 P_1 做切割,然后将 v_s 邻域中与 v_s 处于 P_1 异侧的三角形移入 v_t 邻域中。

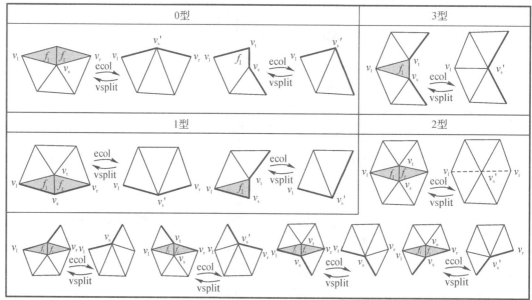

图 3.11　平面切割法中的四种情况

(根据不同的边界条件划分)

3.5 两种算法的比较

前面给出的两种简化算法各有优缺点,改进的顶点聚类算法采用二次误差测度这一几何误差度量来确定新代表顶点,将代表顶点设置在到小格内每个三角形所在平面的距离平方和最小的位置,可以得到较高质量的简化模型。但是,这种简化方法在简化过程中没有记录模型重建时必需的信息,因此,使用此算法生成的简化模型不能恢复出原始模型,而且此方法不利于构造模型多分辨率表示的数据结构。PM 算法通过边的迭代收缩来实现网格模型的简化,在每一次迭代过程中,原始网格 M 中的一条边及其相邻的三角形被删除,网格的分辨率随之降低,最后得到一个较粗糙的简化网格 M^0 以及一系列细节信息记录。根据这一系列细节信息记录,重新向网格中插入顶点和三角形,可以恢复出原始模型。在此方法的基础上很容易构造模型多分辨率显示的数据结构,本书的第 4 章就基于 PM 算法构造了多分辨率数据结构,从而实现了基于视点的模型多分辨率绘制。但是,在同一简化比率下,此方法所生成的简化模型的质量不如改进的顶点聚类算法所生成的简化模型的质量高。本书给出了简化比率为 90% 时,两种不同算法的简化结果,如图 3.12 所示。

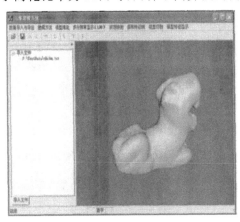

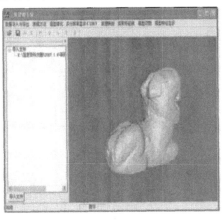

改进的顶点聚类算法简化结果(90%)1　　　　　　　　PM算法算化结果(90%)1

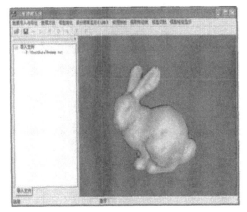

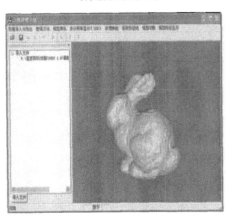

改进的顶点聚类算法简化结果(90%)2　　　　　　　　PM算法算化结果(90%)2

图 3.12　两种不同算法的简化结果

3.6 基于半边缘折叠的快速网格简化算法

我们在改进 QEM 方法的基础上，提出了一种新的高效网格简化算法。新定义的误差度量与半边折叠和基于顶点的优先级队列相结合，可以快速生成具有良好视觉质量的简化网格，同时此算法的特点有利于网格压缩和渐进传输的应用。

此算法推广了二次误差度量（QEM）方法以适应新的拓扑运算。此算法将平面度标准与定义的度量相结合，以保持简化网格的视觉质量；进一步采用了基于顶点的优先级队列来加快简化速度。实验结果表明，此方法可以以更快的速度获得与 QEM 算法相似的结果。

3.6.1 单侧二次误差度量

在文献[12]中，简化网格的质量对算法所基于的几何准则比对底层拓扑算子更敏感。为了简单起见，我们选择了半边塌陷作为拓扑算子。对于半边塌陷，将边的一个端点拉到另一个端点，并删除相应的三角形，如图 3.13 所示。这是顶点移除算子的一种特殊情况，没有选择三角测量时自由。它也可以被视为一般的边折叠算子，而不需要自由设置 QEM 方法所采用的新插入顶点的位置。

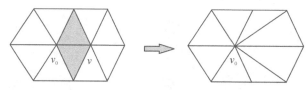

图 3.13 半边缘折叠

为了简单起见，将无向边 vv_0 表示为两个有向半边 $v \rightarrow v_0$ 和 $v_0 \rightarrow v$，然后，可以分别计算两个半边的代价。例如，将单侧二次误差度量定义为半边 $v \rightarrow v_0$ 的代价：

$$\Delta_v^1(v_0) = \frac{\Delta_v(v_0)}{\sqrt{d_{v0} - 2}}$$

其中：d_{v_0} 是 v_0 的相邻面的度数或数目。如果用 $d_{v0} - 2$ 代替项 $\sqrt{d_{v0} - 2}$，那么可以得到距离平方的平均值。在 QEM 方法中，代价被定义为距离的平方和，该距离导致具有相同几何形状的曲面移除具有较少邻居的顶点。这个过程倾向于去除物体的一些重要但相对狭窄的部分。然而，设置为平均平方距离的代价在相反的方面也不令人满意。因此，选择上述代价是为了满足要求。

在基于边缘的优先级结构中，边缘的两半被视为一个整体，并且边缘的代价被定义为两半边缘中较小的一个。当一个半边，例如 $v \rightarrow v_0$ 折叠，其对应的 $v_0 \rightarrow v$ 也必须同时删除。因此，对方不需要被放入队列中，基于这一点，可以采用基于顶点的优先级结构，以加快简化速度。

3.6.2 平坦性准则

在文献[12]中，公平性准则用于对边缘折叠后二面角之和的变化施加惩罚，生成的网格往往具有良好的平滑度或公平性。然而,有了这样的公平性惩罚,这些网格的一些高频细节在简化后可能会丢失,这对于许多模型来说是不可取的。

受公平性准则的启发,我们提出了一个平坦性准则来惩罚半边缘折叠候选者的平坦性(或二面角)变化的总和。基于这一论点,定义了每个半边缘的平坦度系数。假设半边 $v \rightarrow v_0$ 具有 n 个相邻面,即顶点 v 的相邻面。当半边 $v \rightarrow v_0$ 折叠时,第 i 个面 f_i 被 f_i' 替换。在这里,还包括两个面,这两个面也是 v_0 的邻居,在这种情况下,新面是那些与旧面共享边的面。f_i 和 f_i' 之间的二面角 α_i 的余弦可以根据面的两个法线来计算,可以定义半边 $v \rightarrow v_0$ 的平坦度系数如下:

$$w = \begin{cases} \dfrac{2\sum_i (1 - \cos\alpha)}{n}, & \forall i, \alpha_i < \dfrac{\pi}{2} \\ \infty, & \text{其他} \end{cases}$$

为了保持生成网格的视觉质量,半边缘的优先级增加了其平面系数的一个因子。系数 $w \rightarrow \infty$ 简单地消除了面的反转或翻转。

3.6.3　边界约束

可以定义简单的边界约束来保持网格的开放边界。半边 $v \rightarrow v_0$ 折叠后,如果目标顶点 v_0 仍然是一个边界顶点,应该通过反射关于 v_0 的所有面来为 v_0 创建一个"完整"邻域。因此,结果是 v_0 的平面度系数是原来的两倍。如果 $v \rightarrow v_0$ 的移除顶点 v 是一个边界顶点,这个半边的折叠可能会过大地扩大边界,这是不可取的,所以通过增加其长度的平方(即 $|\overline{vv_0}|^2$)的代价来惩罚这个候选半边,其具有与二次误差度量相同的单位。

3.6.4　基于顶点的半边折叠

对于三角形网格,每个面都有三条边,每条边由两个三角形共享。根据欧拉公式,一个有 n 个顶点的三角形网格大约有 $3n$ 条边和 $6n$ 条半边。如果使用基于边缘的优先级队列,即使将边缘的两半视为一个整体,队列中的结点数也几乎为 $3n$。然而,在每次拓扑操作(半边折叠)之后,一个顶点被拉到另一个顶点,并且相应地移除其相邻边。这样的边缘仍然在优先级队列中,并且移除过程消耗相当多的时间。使用半边折叠的优点是:可以实现包含与候选拓扑运算数量相同的几何基元的队列。因此,在文献[11]中应用了一个基于顶点的队列。

半边折叠是顶点移除操作的一种特殊情况。在每个半边缘折叠步骤中,具有最小成本或最大优先级的顶点被移除,其相邻的半边缘之一被折叠。该半边在顶点的邻域中具有最小的代价,并且其代价被指定给顶点。我们不是计算每个相邻半边的平面度系数,而是首先仅基于半边的单侧二次误差度量来找到最小半边。之后,计算该半边缘的平坦度系数,并且顶点的成本随着该系数的因子而增加。这种处理在节省大量计算的同时不会对质量产生太大影响。

由于单侧二次误差度量的性质,该算法是文献[10]中定义的无记忆简化方法。每次半边折叠后,通过重新计算新面的二次曲面来更新更改区域附近所有顶点的成本。无记忆方法的优点之一是简化过程可以迭代执行,从而可以从几个近似级别的简化中获得非常粗略级别的结果。这在诸如多分辨率分析和三维网格编辑之类的一些应用中是合乎需要的。

3.6.5 渐进传输

渐进网格技术为三角形网格提供了一种标准的结构化表示,满足了细节显示、网格压缩和渐进传输等多分辨率应用。这对于我们基于半边缘折叠的快速算法来说尤其有效。对于几何压缩,不添加新的点,并且可以通过近似高斯分布的细节向量从其当前邻居预测到达顶点的位置。对于渐进传输,随着更多细节信息的到达,可以动态地细化 3D 模型,直到接收到完整的模型。

尽管粗糙的表示可能会降低视觉质量,但我们实现了一种快速后处理算法,使得接收器部分可以获得具有更好平滑度的网格[14]。其思想是应用自适应插值网格细分算法。随着接收到越来越多的细节信息,自适应地细化网格。

可以构建一个网格传输和渐进渲染系统来完全实现本工作的目标。同时,该算法还可以应用在三维多分辨率编辑和绘制中。

第4章 基于视点的 LOD 绘制

4.1 引　　言

　　模型的多分辨率表示又称为细节层次表示法,即 Level-Of-Detail(LOD),该方法是对复杂几何模型进行实时绘制的重要工具。它的基本思想是对于同一模型,存在着由简到繁、由粗到精的几种表示,绘制时根据不同要求选用不同分辨率的模型。多分辨率表示模型的面片数减少以后,其表示精度必然下降,但是,在许多情况下,对应用并无影响。在对多面体模型进行实时动态显示时,如果模型距图像平面很远,其在图像平面上的投影必然很小,只有几个像素,那么,无论模型精确到何种程度,其细节在屏幕上都不可能表示出来。因此,使用简化的、比较粗糙的模型就可以了,从而可以大大减少存储容量、提高计算速度。当一个模型存在着多种分辨率的表示时,可以根据不同要求选用不同分辨率的模型。例如,可以根据模型在屏幕上覆盖像素的多少选择相应的层次,对近物体作绘制时,使用较精细的模型,对远物体则使用较粗糙的模型,目的是在保证对原模型的图像有良好的形状逼近的前提下,尽量减少用于表示该模型的多边形数目。在实现复杂模型的实时动态显示时,还可以根据交互速度选择相应的层次,当用户对模型做快速的交互操作,如快速旋转时,允许忽略模型上的一些细节,因此可以采用简化模型以满足交互速度。当用户的交互速度渐渐降低时,应逐步提高模型的复杂程度,增加细节、改善图像质量。当用户的交互作用停止时,系统应采用原始的复杂模型,得出最高质量的图像。这就是目前常用的逐步求精过程,也是在满足交互速度的前提下,选择尽可能接近原始模型的简化模型,以求得尽可能高的图像质量,因此称为自适应的多分辨率绘制。

　　离散 LOD 由一系列独立的、具有不同 LOD 层次的逼近模型组成。这些模型按照逐渐简化的顺序排列,相互之间没有外在的联系。在绘制时,用户根据需求从这些离散模型中选择某一层次的逼近模型。离散 LOD 如图 4.1 所示。

图 4.1　离散 LOD

离散 LOD 的模型计算简单,绘制速度快,但由于离散的 LOD 层次是有限的,在很多情况下不能满足用户的需求,提供足够多层次的逼近模型又是不现实的,这是因为必须考虑到模型存储和转换的代价。在同一个逼近模型上,如果在距离视点较远和较近的区域使用相同的 LOD 层次,会影响绘制效果。如果所采用逼近模型的 LOD 层次很高,则远处的区域也会包含大量的三角形,影响绘制速度;如果为了提高绘制速度而采用较低层次的 LOD 模型,则近处的三角形又会过于稀疏,影响绘制效果。

连续 LOD 采用具有连续分辨率的逼近模型,允许同一个模型上的 LOD 层次连续变化。建立连续 LOD 多分辨率模型的方法有多种,多数方法都是在网格简化的过程中生成某种记录结构,在浏览绘制时可以根据用户的需要,快速地从这种结构中抽取出需要的多分辨率逼近模型。

4.2 多分辨率数据结构

在基于 PM 算法的模型简化过程中,原始网格模型经过一系列边收缩操作,简化为较粗糙的网格模型,同时得到一组保存细节信息的点分裂记录,这些记录存储在一个线性序列中,在进行粗糙模型细化时,只能按照这个序列的逆顺序执行点分裂操作,使模型逐步恢复细节。在进行基于视点的选择性重建时,点分裂操作是根据注视点位置的移动而进行的,与简化时的边收缩操作的顺序不相关,所以简单的线性数据结构不再适用,需要设计一种新的多分辨率数据结构。

4.2.1 多分辨率数据结构的设计

最常用的多分辨率结构主要有基于迭代收缩算法的顶点层次树结构、基于顶点抽取算法的图结构、基于半边缘折叠简化算法的多分辨率结构。本书深入研究了这三种多分辨率结构,并提出了一种新的基于迭代收缩算法的多分辨率结构。

1. 基于迭代收缩算法的顶点层次树结构

1997 年,Hoppe 提出了一种基于渐进网格的选择性细分算法,可以根据基于视点的细分准则选择当前绘制所需的细节层次数据,并实现不同分辨率数据绘制在视觉上的平稳过渡。在该算法中,Hoppe 提出了顶点层次树结构。

顶点层次树结构的基本思想是将边 (v_i, v_j) 收缩后得到的顶点 v_k 看作 v_i 和 v_j 的父结点,则整个简化过程可以用一棵二叉树来表示,如图 4.2 所示。如果简化后的模型包含多个根结点,则得到的是森林。图中的虚线分别是该二叉树的一条切割线,切割线上方的顶点集合分别构成了图中的一个逼近模型。由于在不同子树中出现的边收缩操作可以独立进行,因此树形结构上的任意一条切割线都对应于一个不同分辨率的逼近模型,只要根据需要将切割线在二叉树中上下移动,就可以抽取出任意 LOD 的模型,包括那些在简化过程中没有出现的。这种树形结构构造简单,可以在网格简化的同时完成,缺点是它将边收缩后得到的顶点看作是一个新的顶点,导致树形结构中的结点数大约是原始模型顶点数的两倍,使算法的空间复杂度增大。

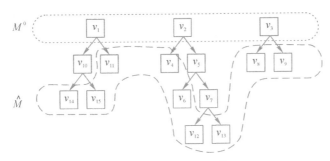

图 4.2　顶点层次树结构

此后,Hoppe 通过局部几何变形进一步消除不同分辨率绘制中产生的走样现象,使得算法更加完善。图 4.3 为局部几何变形示意图,图中有三个模型 M^A、M^B、M^G,分别用不同形状的线表示,其中 M^G 为从 M^A 过渡到 M^B 时的局部几何变形。

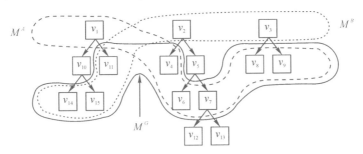

图 4.3　局部几何变形示意图

2. 基于顶点抽取算法的图结构

这种多分辨率结构是由 De Floriani 等于 1997 年提出的,它是一种图结构,称为多重三角剖分(Multi-Triangulation,MT),如图 4.4 所示。MT 结构实质上是一个有向无环图(Directed Acyclic Graph,DAG),最上方的源结点 n_S 对应于一个最粗糙的逼近模型(最小逼近模型),最下方的汇结点 n_D 则对应于一个最精细的逼近模型(最大逼近模型)。MT 结构的内部结点对应的不是实际模型中的顶点,而是一种被称为"局部更新"的操作,即:把该结点的入边所对应的一组较粗糙的三角形替换成出边对应的另一组较精细的三角形。在 MT结构中也可以定义一条切割线,与之相交的所有有向边对应的三角形集合恰好构成定义域上的一个完整逼近模型。在 DAG 图中上下移动切割线就可以得到任意细节层次的逼近模型。

3. 基于半边缘折叠简化算法的多分辨率结构

这种多分辨率结构是一种高效的(拓扑保持的)多分辨率网格划分框架,用于大三角网格的交互式细节层次(LOD)生成和绘制。更具体地说,所提出的方法称为 FastMesh,它提供了与视图相关的 LOD 生成和实时网格简化,最大限度地减少了视觉伪影。在交互式渲染环境中,多分辨率三角形网格表示是降低三角形网格复杂性的重要工具。理想情况下,对于交互式可视化,将三角形网格简化为可容忍的最大可见误差,因此,网格简化取决于视图。

本书介绍了一种基于半边三角形网格数据结构的高效分层多分辨率三角剖分框架,并给出了该框架中几种视图相关或视觉网格简化启发式算法的优化实现。尽管对性能进行了优化,但这些错误启发法提供了保守的错误边界。所提出的框架在空间和时间成本上都是高效的,并且只需要渲染所需时间的一小部分来执行误差计算和动态网格更新。

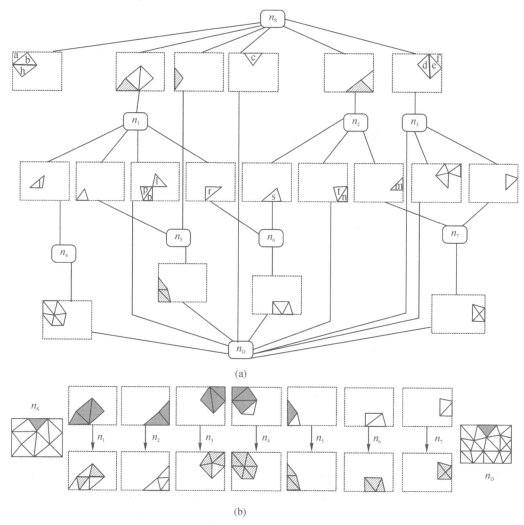

图 4.4　多重三角剖分方法中的图结构
(a)有向无环图结构;　(b)局部更新操作

(1) 网格简化

在文献[7]中,应用一系列 n 个边折叠(ecol)运算来将任意流形网格 M^n 简化为相同拓扑的更简单网格 M^0,从而将顶点数量减少 n。给定粗略网格 M^0 时,可以通过将一组 i 个顶点分割(vsplit)运算(ecol 运算的逆运算)应用于基础网格 M^0 来重建 i 个不同的 LOD 近似 M^i。在 FastMesh 中,我们使用图 4.5 所示的半边折叠变体,该变体将有向半边 v_1v_2 折叠到其端点 v_2。文献[12]和[13]中也提倡使用半边缘折叠操作来实现快速网格简化,但不是在生成高性能视图相关多分辨率层次结构的情况下。

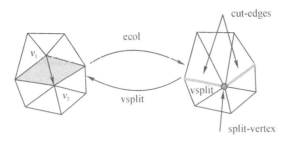

图 4.5　用于三角形网格简化和细化的半边折叠(ecol)和顶点拆分(vsplit)操作

(2) 基于视图的网格

在文献[17]中,基于如上所述的基本 ecol 和 vsplit 操作引入了视图相关网格简化。基于边长度作为几何误差度量来选择边折叠操作序列,该几何误差度量定义顶点上的二进制层次。在运行时,通过顶点层次的前端将定义当前网格的顶点(位于前端及其上方)与移除的顶点(在前端下方)分离,并对每个帧进行更新。虽然文献[17]中讨论了其他标准,但仅实现了折叠边的投影长度,以在运行时调整顶点前端。文献[18]中额外包含了表面法线信息。文献[19]中的扩展允许通过使用虚拟边来合并拓扑简化和对非网格的处理。

文献[20]中提出了一种类似的方法,文献[7]中提出的 ecol 操作序列用于构建二进制顶点层次结构。此外,给出了两种新的图像空间可见性启发式算法,并提出了一种屏幕空间几何近似误差度量来更新顶点前端。在文献[21]中,该方法得到了改进,特别是在内存空间成本方面,代价是数据结构的复杂性增加以及运行时连续的内存分配和释放。

文献[22]中的方法也是基于由边缘折叠操作序列定义的二进制顶点层次结构。然而,与以前的方法不同,它支持所有可能的网格的无约束空间(简单连接、非退化、流形),这些网格可以由给定的偏序边折叠操作集生成。

文献[23]中提出了另一种称为基于顶点插入和移除的多重三角剖分(MT)的视图相关三角测量方法,并在文献[24]和[25]中针对存储成本和客户端-服务器交互进行了改进。在有向无环图(DAG)中维护顶点插入的偏序集,该图允许选择性的视图相关网格细化。该依赖关系图的剖视图,类似于上面方法中的顶点层次中的前视图,在运行时表示特定网格。虽然在空间成本方面是有效的,但 MT 更新操作比顶点分裂和边折叠操作成本更高。文献[23]中没有定义新的与视图相关的网格简化启发式算法,也没有提出其有效实现。

文献[26]中提出了一个基于任何类型的顶点收缩创建的顶点层次结构的广义框架。这种方法通用性强,但它比其他方法使用了更多的存储,并且没有提供视图相关错误启发式的高度优化计算。虽然文献[26]中的方法可以被视为视图相关网格划分的最小限制推广,但我们的方法针对的是视图相关多分辨率网格划分的高性能实现的另一端。文献[27]中也提出了类似于文献[26]的顶点聚类层次结构,使用顶点聚类的简单屏幕投影大小来确定每帧的单个结点的扩展。然而,用于维护动态变化的三角形网格的算法和数据结构在空间和时间成本方面不是很有效。

针对规则或伪规则网格,已经提出了专门的与视图相关的三角测量方法。特别是,文献[28]~[30]等方法支持大规模地形网格的高效视图相关渲染。这些方法通常基于由移除的顶点引入的垂直表面位移的屏幕投影。虽然这种误差度量的计算非常快,但它不直接适用于任意流形网格。此外,文献[31]中提出的分层增量 Delaunay 三角测量为地形提供了一些与视图相关的误差度量。

对比以上提到的各个方法,我们的方法在以下方面有所不同和改进:更紧凑和节省空间的数据结构;仅使用两个参数的优化的视图相关网格简化启发式算法;减少了边缘折叠操作的部分排序限制。

（3）动态网格

半边数据结构是双连接边列表（DCEL）的简化版本,没有顶点到边和面到边的关系。此外,翼边（WE）数据结构可以看作是一对两半边。因为顶点分割操作沿两条切割边引入了新的三角形,所以使用半边而不是翼边表示更为自然。与 DCEL 和 WE 数据结构相比,对半边缘网格数据结构的实现被进一步简化,并且不需要任何边到面的指针。半边缘数据结构的使用使可变三角形网格连通性的管理在空间和时间成本上都非常高效。

使用半边折叠操作来简化网格并不等同于使用半边数据结构来保持三角形网格连通性。简化操作和误差度量的选择在很大程度上与网格表示概念无关。另外,半边缘折叠操作是为动态网格表示提出的半边缘数据结构的自然拟合。

（4）半边缘数据结构

在本节中,描述了使用半边缘数据结构维护视图相关网格的数据结构和算法。在 Fast-Mesh 中,半边数据结构存储三角形网格的连接信息,并且每个三角形面由三个定向半边的有序集隐式表示。每个半边 h 存储其反向双半边（$h.r$）、该三角形的下一个（$h.n$）和上一个（$h.p$）半边以及半边的起始顶点（$h.v$）,如图 4.6 所示。这种网格表示允许在三角化表面上进行有效的遍历和邻居查找。

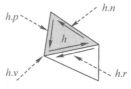

图 4.6　半边数据结构

FastMesh 将 m 个三角形的网格存储为 $3m$ 半边的阵列。注意,我们将可互换地使用 h 来表示整数索引或半边的指针表示。在半边阵列中,每组三条连续的半边定义一个三角形。因此,与半边缘 h 相对应的面索引 f 为:f＝face(h)＝h DIV 3。面 f 的第一半边缘 h 对应为:h＝edge(f)＝3f,并且按 CCW(逆时针)顺序,第二半边缘是 $3f+1$,第三半边缘是 $3f+2$。因此,半边缘 h 的前一个 $h.p$ 和下一个 $h.n$ 字段是通过对索引的整数除法（DIV）和模（MOD）运算或通过简单的条件语句隐式给出的（但为了简单起见,我们将保留符号 $h.n$ 和 $h.p$）,

$$h.n ＝ IF (h\ MOD\ 3 ＝ 2)\ THEN\ (h-2)\ ELSE\ (h+1)$$
$$h.p ＝ IF (h\ MOD\ 3 ＝ 0)\ THEN\ (h+2)\ ELSE\ (h-1)$$

对于边 h 的半边塌陷,必须更新网格连接,如图 4.7 所示。这可以使用半边缘网格数据结构来有效地完成。折叠半边 h 并从渲染的三角形列表中停用其附随的三角形只需要更

新半边 a、b 以及 c、d 的反向信息,使得三角形对 A 和 B 以及 C 和 D 成为直接邻居,如图 4.7(b) 所示。对于三角形 A 和 B,以及给定要折叠的半边 h,可以通过以下赋值有效地完成:

$$h.p.r.r = h.n.r \quad \text{and} \quad h.n.r.r = h.p.r \tag{4.1}$$

需要两个类似的赋值来设置三角形 C 和 D 之间的反向信息。注意,三角形 face(h) 和 face($h.r$)的半边条目在这一点上没有改变,这些三角形只是为了渲染而被停用。反向 vsplit 操作将重用该信息,并且对于 vsplit 仅需要记录折叠的半边缘 h 的索引。

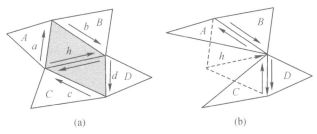

图 4.7　半边折叠和顶点拆分

(a)半边折叠;(b)顶点拆分

除了更新网格连接性外,具有相同起始顶点 $h.v$ 的所有半边都需要将其起始顶点重新分配给 h 的结束顶点,即 $h.n.v$。这可以通过围绕移除的顶点 $h.v$ 旋转(逆时针)并访问 a 到 c 之间的所有外向的半边来实现(见图 4.7)。图 4.8 所示的代码段对半边缘折叠 h 执行此更新。

```
t = h.p.r;                 // equal to a
while  (t != h.r.n)        // visit edges up to c
    t.v = h.n.v;
    t = t.p.r;             // rotate CCW around h.v
end
```

图 4.8　更新半边折叠的起始顶点

给定折叠的半边 h,vsplit 操作必须更新网格连通性,以包括最初出现在 h 上的两个三角形。注意,如上所述,在折叠 h 之后,这两个三角形的半边表中的条目没有改变。因此,图 4.7 中三角形 A 和 B 的原始连通性可以使用 h 的可用半边表条目通过以下方式恢复:

$$h.p.r.r = h.p \quad \text{and} \quad h.n.r.r = h.n \tag{4.2}$$

类似地,三角形 C 和 D 可以被有效地更新。此外,必须更新附随在三角形 A 和 C 之间(包括三角形 A 和 C)的分割顶点 $h.v$ 上的所有半边(围绕 $a.v$ 的逆时针方向上的半边 a 和 c 之间的半边)的起始顶点。起始顶点必须从 $h.n.v$ 更新为 $h.v$。注意,$h.v$ 确实是正确的起始顶点,因为 h 的信息没有改变。此更新可以用类似于图 4.8 中的代码示例进行操作。

对于式(4.2)的操作,要在动态变化的网格中工作,必须满足一些条件。特别是,四个三角面 A、B、C 和 D 必须先完全处于图 4.7(b)所示的位置中,然后才能执行顶点分割(边 h 折叠的相反操作)。在后面小节中,我们讨论了如果不直接满足此条件,如何执行顶点分割操作。

（5）边界条件

当反向指针 $h.r$ 未设置或设置为无效值时，可以很容易地检测到半边缘数据结构中的边界边缘 h。因此，边界边是唯一定义的，并且当检测到边界条件时，任何试图穿过边界边的网格遍历都可以安全地停止。关于边界边的最关键的网格遍历是访问从给定传出半边 h 开始的顶点的所有入射边。访问边界顶点 v 的入射边分两步进行，如图 4.9（a）所示。从给定的半边缘 h 开始，逆时针（CCW）旋转 $t=t.p.r$ 可以在 t 无效时停止，设置为边界边缘的不存在的反向，并且顺时针（CW）旋转 $t=t.r.n$ 可以在 $t.r$ 无效时立即停止。如前所述，半边折叠 h 的顶点重新分配也通过两次旋转来执行，如图 4.9（b）所示。当折叠半边 h 及其入射三角形（图 4.9 中的灰色阴影三角形）时，CCW 旋转开始于 $t=h.p.r$，CW 旋转开始于 $t=h.r.n.r.n$（$t=h.r.n$ 的起始顶点不必更改）。

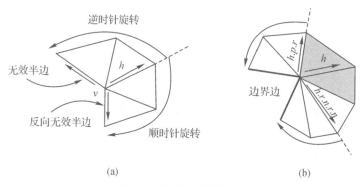

图 4.9　边界边的网格遍历

（a）访问边界顶点周围的所有入射边或顶点；（b）围绕折叠半边 h 的顶点的网格遍历

此外，更新半边缘折叠边 h 的网格连通性的反向信息也必须考虑可能的边界条件，如图 4.10 所示。如果 $h.n$ 或 $h.p$ 不是边界边，因此如果 $h.n.r$ 或 $h.p.r$ 实际指向现有边，则必须仅对它们执行式（4.1）的反向更新分配。但是，在这种情况下，式（4.1）仍然可以按原样使用。因此，在图 4.10（a）中，我们只对包含 h 的三角形执行更新操作：$h.n.r.r=h.p.r$（包含 $h.r$ 的另一个三角形正常处理）。如图 4.10（b）所示，在折叠的半边 h 本身是边界边的情况下，对于任何网格连通性更新和顶点重新分配，都不考虑反向边 $h.r$。

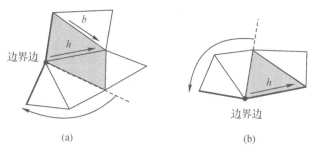

图 4.10　更新半边缘折叠边 h 的网格连通性的反向信息

（a）边界边的反转半边更新；（b）边界上的半边缘折叠

顶点分割细化操作可以用类似于半边缘塌陷的方法来处理边界条件，这里省略了详细的讨论。所提出的边界处理解决方案适用于任何有边界的流形三角形网格,也适用于孔或内部边界。所提出的网格更新操作和边界处理将保留输入网格的拓扑,并且由于第 3.4 节中给出的拓扑约束,孔将不会被填充或移除。

(6) 多分辨率层次结构

与以前的方法相比,为了降低存储成本,我们在折叠的半边上定义了多分辨率层次结构 H,这是因为顶点层次结构的叶结点不携带折叠边或分割顶点所需的任何信息。因此,H 只需要基于顶点树的表示的一半的结点。此外,如图 4.11 所示,这种半边缘折叠层次结构被实现为一个单独的数据结构,而不是与顶点数据本身合并,并且只存储每个结点的信息,这是视图相关错误探索法所需的。结点 $t \in H$ 由指向父结点 $t.p$、左 $t.l$ 和右 $t.r$ 子结点的指针以及边 H 的半边折叠的索引 $t.H$ 组成。此外,每个结点 t 还存储两个参数来计算视觉误差。

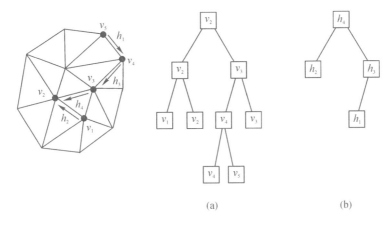

(a) (b)

图 4.11　二进制半边折叠层次结构 H

(a) 顶点层次;(b) 半边折叠层次结构 H

二进制半边缘折叠层次结构 H 的这种定义完全改变了通过在运行时定义特定 LOD 网格的层次结构中的活动结点的 Front $F \subset H$ 的语义。尽管 Front F 基于当前折叠的边定义了一个特定的 LOD 网格,但它并不像前面的方法那样直接表示当前网格的所有顶点(这些顶点只是由 F 隐式给出的)。

定义:在 FastMesh 中,Front F 由 H 中的所有活动结点组成,如图 4.12 所示。结点 t 被定义为活动的,当且仅当以下两个属性之一成立:

1) $t.h$ 当前未折叠,并且子结点 $t.l$ 和 $t.r$ 当前都折叠或不存在;(F 的子集 F_1)

2) $t.h$ 当前被折叠,其父 $t.p$ 未被折叠,其在 $t.p$ 中的同级子结点存在并且未被折叠。(F 的子集 F_2)

在任何时候,F 都包含从 H 的根到叶的每一条可能路径的一个结点,但一次只包含任何特定路径的一个子结点。F 可以用双链接线性列表来实现。F 恰好包含当前 LOD 网格的所有可能被折叠的结点($F_1 \subset F$ 的结点)或网格细化必须检查的结点($F_2 \subset F$ 的结点和由 $C_{F1} = \{t \mid p \equiv t.p \land p \in F_1\}$ 给出的 $F_1 \subset F$ 的所有子结点)。

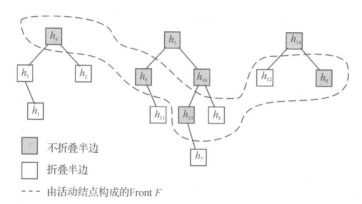

图 4.12　通过二进制半边折叠层次结构 H 得到当前视图相关网格的 Front F

（7）前提条件

由于网格简化和细化操作的执行顺序与视图相关网格的初始化阶段不同,因此我们必须仔细检查可以执行这些更新的条件。

一组连续的 ecol 操作可以将多个顶点折叠为一个顶点。这样一组 ecol 操作在半边缘折叠层次结构中形成了一个子树,并且必须以正确的偏序自下而上执行。ecol 操作是由半边表中的索引 i_h 唯一定义的,并且通过折叠可能导致拓扑奇异性的任何半边 h 都不是合法的半边折叠。如果存在与 h 的端点 P 和 Q 相邻的顶点 V,并且三个连接的顶点 P、Q 和 V 在当前网格中不是三角形,则半边 h 被认为是非法的,如图 4.13 所示。

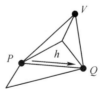

图 4.13　拓扑约束

由于 P 和 Q 被连接到 V,所以半边缘 h 不能被折叠。因此,从结点 t 引用的半边 h 是 ecol 操作的合法候选者,仅当:

1) t 没有子孙结点必须首先被折叠;

2) h 是拓扑正确的半边折叠。

ecol 运算的前提条件 1)通过我们对活动结点的前 F 及其子集 F_1 的定义来满足,该子集 F_1 被用于测试折叠。通过检查 h 的端点上的顶点 V 和边 e 的集合,可以在运行时有效地测试前提条件 2)。条件 2)成立的条件是:

$$\{V \mid \exists e:V=e.v \ \bigwedge \ e.n.v=h.v\} \bigcap$$

$$\{V \mid \exists e:V=e.v \ \bigwedge \ e.n.v=h.n.v\} \equiv \{h.p.v,\ h.r.p.v\}$$

测试前提条件 2)包括通过围绕 h 的两个端点旋转来访问入射半边,并测试非空交点。该成本平均较小,但在最坏的情况下与 $O(n^2)$ 一致。

顶点拆分操作也由半边表中的索引 i_h 唯一定义,并且必须在层次结构中按部分自上而下的顺序执行 vsplit。索引折叠的半边 h 及其两个入射三角形包含执行 vsplit 操作所需的所有信息。但是,三角形 A、B、C 和 D(由 $h.p.r$、$h.n.r$、$h.r.n.r$ 和 $h.r.p.r$ 引用,见图 4.7)当前必须是半边数据结构中的有效三角形。因此,结点 t 所引用的半边 h 是 vsplit 运算的合法候选者,仅当:

1)t 的所有祖先都已分裂;

2)所有四个半边 $h.p.r$、$h.n.r$、$h.r.n.r$ 和 $h.r.p.r$ 都属于当前网格中的有效面。

通过 F 的定义,对于所有结点 F_2 和结点 F_1 的所有子结点 C_{F_1} 满足前提条件 1)。在实际执行结点 t 的顶点分割之前,通过将 vsplits 传播到三角形 A、B、C 和 D 所引用的 H 的结点 t_A、t_B、t_C 和 t_D 来实施前提条件 2)。然而,这种传播可能导致尚未满足前提条件 1)的结点被拆分。因此,在递归地分割结点 t_A、t_B、t_C 和 t_D 之前,递归的 vsplit 操作必须首先传播到父结点 $t.p$。

为了能够传播如上所述的 vsplit 操作,每个三角形面 A 必须记录导致三角形 A 的半边 h 折叠的结点 t_A,因此 h 被索引 $t_A.i_h$ 引用。只要半边 h 实际被折叠,就可以在运行时动态地维护此信息。

(8) 拓扑结构

为了使任何网格更新操作有效,它不得更改网格拓扑,例如亏格或边界组件,并且不得引入任何非流形网格连接。因此,如果存在与 h 的端点 P 和 Q 相邻的任何顶点 V,并且其三元组 (P,Q,V) 在当前网格中不是三角形,则半边折叠 h 被认为是无效的。这种无效形状的示例如图 4.13 所示。该约束保留了输入网格的拓扑,还防止了仅由三个顶点组成的最小边界被进一步减少。由于动态变化的网格连通性,临时无效的半边 h 可能在视图相关网格期间的任何其他时间再次变成有效的半边折叠。因此,半边折叠的有效性不是一个静态属性,在尝试折叠半边时必须进行检查。

通过检查半边 h 的直接邻居,可以在运行时有效地测试边折叠操作的拓扑约束。给定与顶点 v 相邻的顶点的集合 N_v,如果满足以下条件,则满足拓扑约束:
$$N_{h.v} \bigcap N_{h.n.v} = \{h.p.v, h.r.p.v\}$$

除了上面概述的拓扑约束之外,对于半边折叠操作,没有其他必须满足的硬约束。为了提高生成的三角形网格的质量,可以包括额外的软约束,以防止纵横比不好的三角形或三角形法线的翻转。对于当前帧,应折叠但不满足拓扑或任何附加软约束的半边将被推迟。在渲染当前帧并再次更新网格后,将再次对其进行评估。这是类似的基于边缘折叠的方法无法轻易避免的,偶尔会导致简化操作的小延迟,但提供了保守的视图相关网格划分。

顶点分割操作由分割顶点 v_{split} 和两个向外的半边 e_1 和 e_r($e_1.v = e_r.v = v_{\text{split}}$)定义,或者由两个切割顶点 $v_1 = e_1.n.v$ 和 $v_r = e_r.n.v$ 定义,如图 4.14(a)所示。分割顶点 v_{split} 的唯一拓扑约束是 v_1 和 v_r 不能是相同的顶点($v_1 \neq v_r$)。同样,这种情况可能是由于视图相关网格简化而发生的,该简化以任意一致的偏序执行边折叠和顶点分割操作,如本节开头所述。为了保证保守的视图相关网格划分,如果 $v_1 = v_r$,那么我们可以递归地检查和细化分割 v_1 的结点 $t \in H$。

关于定义不清的剪切边。由结点 $t \in H$ 指定的顶点分裂由相应的折叠半边 $t.h$ 定义。切割边缘 e_1 和 e_r 可以通过存储在折叠的半边缘 h 的半边缘表中的信息来恢复。这里使用 $a = h.r.p.r$,$b = h.r.n.r$,$c = h.p.r$ 和 $d = h.n.r$。因此,在正常情况下,切割边缘可以通过

$e_1 = a$ 和 $e_r = c$ 恢复,并且它认为 $a = b.r$,$c = d.r$。然而,在动态简化的网格中,可能发生的情况是,在折叠半边 h 到 v_{split} 后,其他简化操作可以删除包含半边 a(或 b、c、d)的三角形面,如图 4.14(b)所示。在这种情况下,有一个结点 $s \in H$ 对应于半边折叠运算,其中 face (a)等于 face(s.h)或 face(s.h.r)。由于二叉树层次结构中的偏序性,我们可以通过首先将拆分操作传播到结点 s 来强制执行当前顶点拆分,从而将所需的面 a 重新引入三角形网格中。这被称为强制分裂。

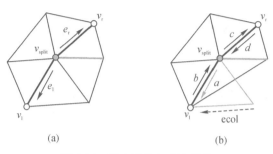

图 4.14　顶点拆分与半边折叠
(a)具有切割边 e_1、e_r 和切割顶点 $v_1 \neq v_r$ 的有效顶点分割;(b)包含半边 a 的三角形已折叠

(9)视点相关的误差度量

在本节中,描述与视点相关的误差度量。当遍历 Front F 进行更新时,必须为所有活动结点计算这些误差度量。结点将基于以下内容进行折叠或拆分:视锥体剔除、背面剔除、轮廓保留和屏幕投影容差。由于每帧必须计算这些标准的次数是按照当前网格中顶点数量的顺序,因此它们的计算必须非常快。FastMesh 的视点相关误差度量旨在最大限度地降低计算成本,但仍能计算所有四个标准的保守误差边界。

如前所述,在半边缘折叠层次中,每个结点 $t \in H$ 只需要两个标量值来计算所有四个误差度量,下面将解释这两个参数。

其中一个参数是边界球体半径。以半径为 $t.radius$ 的半边 $t.i_h$ 的端点为中心的边界球体将包围受半边折叠 t 影响的所有三角形及其所有在 H 中的子孙,如图 4.15 所示。在初始化时构建层次 H 时,可以自下而上地计算边界球体。

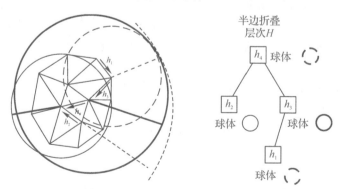

图 4.15　半边折叠操作序列的边界球体

另一个参数是法向锥角。如图 4.16 所示,由关于半边 $t.i_h$ 端点处顶点法线的半角

$\theta(t.\text{theta})$ 定义的圆锥体界定了受半边折叠 t 及其 H 中的子孙影响的所有三角形的法线圆锥体。在初始化过程中,边界法线圆锥体也是自下而上构建的。FastMesh 实际上只保持 $\sin\theta$ 的值,而不是 θ 本身,这是因为计算与视图相关的误差度量只需要 $\sin\theta$。

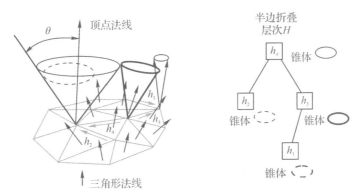

图 4.16　半边折叠操作序列的边界法锥

1)视锥体剔除。为了避免将不必要的大量几何数据从主存储器传输到图形硬件的带宽瓶颈,并减少对大量不可见三角形执行视锥剔除的图形负载,可以将视锥外部的网格区域保持在尽可能粗略的分辨率。因此,如果其边界球体不与视锥相交,则可以执行半边折叠。

视锥体简化的示例如图 4.17 所示。在透明黄色棱锥体指定的指示视锥体内,三角形网格以最高分辨率渲染,也包括背面的不可见区域。这极大地简化了视锥外部的网格区域,或者更具体地说,简化了具有半角度 ω 的视锥外部。

图 4.17　视锥简化示例,模拟视锥显示为透明的黄色棱锥

(在 69 451 个面中渲染了 58% 或 40 881 个面)

2)背面剔除。对于大型和复杂的三角形网格,在图形渲染管道的背面剔除阶段,视锥体中的很大一部分三角形将被丢弃。这些不必要的三角形可能会花费大量的计算时间,即使只是使用背面剔除进行处理和丢弃,这是因为它们必须传输到图形卡进行几何变换,并进行背面剔除测试。为了防止对顶点进行不必要的处理,可以将网格的背面区域保持在尽可能粗略的分辨率。

图 4.18 显示了背面简化的示例。只有朝向视点的表面区域才以全分辨率显示,三角形网格的所有背面区域都尽可能简化。

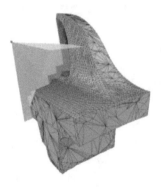

图 4.18　对于显示的视锥的背面简化示例

(在 12 946 个面中渲染了 52% 或 6 750 个面)

3）屏幕投影。如果在不使用图形保真技术的情况下渲染多边形网格，那么可以直观清楚地看到，足够小的多边形（即小于像素的投影面积）只能在渲染图像中创建视觉伪影，而无助于平滑显示。即使在使用图形保真时，相对于有限的屏幕显示分辨率，渲染数千个无关紧要的小三角形也没有意义。此外，通过对非常小的三角形进行简化，也可以有效地减少大型多边形场景和对象交互渲染中的性能瓶颈。对于主要受几何形状限制而不受像素填充率限制的图形子系统尤其如此，这是大多数当前系统的情况。因此，为了提高渲染性能，可以使用网格简化来删除屏幕上投影面积相对于特定应用程序或用户给定阈值 τ（屏幕上面积的分数）足够小的三角形。注意，结点 $t \in H$ 的 ecol 运算影响所有入射到移除顶点上的三角形。

图 4.19 显示了一个投影屏幕面积误差容限为 $\tau = 0.001 = 1/2^{10}$ 的示例，该误差容限以视点大小的一部分（百分比）来测量，视点大小是透明渲染的视锥底部的假想视图平面上大小为 τ 的红色正方形。图 4.19 中仅启用屏幕投影简化。该示例显示了基于与视点的距离的简化变化，并对简化模型的实际视图与全分辨率模型进行了比较。

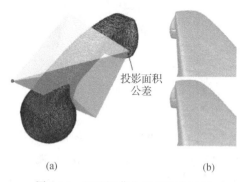

投影面积
公差

(a)　　　　　　　　　　　(b)

图 4.19　基于屏幕投影的简化示例

(a)基于屏幕投影的简化示例，投影公差 $\tau = 1/2^{10}$，渲染率为 32%，即 165 963 中的 53 433；

(b)上方为没有简化的视图（165 963 个面），下方为具有屏幕投影简化的视图（53 433 个面）

4）明暗处理。由于基于顶点位置的误差启发式，视图相关的几何简化标准（例如如上所述的屏幕投影）可能不能充分简化很大程度上平坦的表面区域。即使三角形可能很大，顶点的移除可能会导致无法容忍的几何失真,但如果照明和着色效果的差异在视觉上不显著,那么三角形网格仍可能被简化。可以通过受影响三角形的曲面法线的变化来测量特定半边折叠操作的漫反射着色中的潜在偏差。

这种漫射照明简化标准的示例如图 4.20 所示。它以公差为 $\varphi = 15°$ 的线框模式和平滑着色模式分别显示了简化的模型,同时显示了全分辨率模型。

虽然如上所述的这种着色启发式方法不依赖于实际视点,但它是一种影响三角曲面着色精度的简化标准。这种基于着色的网格简化启发式方法不能用于在预处理中修剪多分辨率层次。

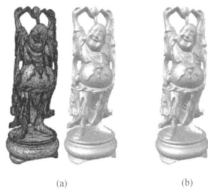

(a)　　　　　　　　(b)

图 4.20　基于着色公差的简化示例

(a)容许角法线方向偏差为 $\varphi = 15°$,渲染率为 66%,即 100 000 个面中的 66 024 个面;
(b)相应的全分辨率网格

5)轮廓保留。物体的轮廓携带了大量关于物体三维形状的视觉信息,在感知上非常重要。沿着轮廓的失真具有较低的视觉容忍度,并且可能迅速导致对物体三维形状的有限空间理解。因此,视点相关的网格简化应尽可能多地保留轮廓。

图 4.21(a)中的示例显示了严格的轮廓保留。虽然三角形网格沿着给定视锥的轮廓区域具有高分辨率,但其他区域被简化为了尽可能粗略的分辨率。

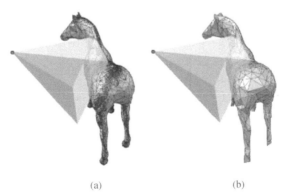

(a)　　　　　　　　(b)

图 4.21　渲染时轮廓保留与不保留的效果图

(a)轮廓保留示例,在 96 966 个面中渲染了 17% 或 17 416 个面;
(b)在不保留轮廓的情况下,渲染了 96 966 个面中的 1% 或 1 312 个面

4. 本书设计的多分辨率数据结构

为了进行选择性重建,我们修改了 PM 算法中 vsplit 结构和 ecol 结构的定义,修改后的结构对网格模型的作用与 PM 算法是相同的,只是采用不同的参数来表示。修改后的结构为:vsplit(v_s,v_t,v_u,f_l,f_r,f_{n0},f_{n1},f_{n2},f_{n3}),ecol(v_s,v_t,v_u,f_l,f_r,f_{n0},f_{n1},f_{n2},f_{n3}),在 vsplit 结构中增加了孩子结点 v_t 和 v_u 的父结点 v_s 以及与 v_s 邻接的 4 个三角面 f_{n0}、f_{n1}、f_{n2}、f_{n3}。如图 4.22 所示,f_l 和 f_r 分别在两对三角面(f_{n0},f_{n1})和(f_{n2},f_{n3})之间产生。如果 v_s 是边界上的顶点,那么它的 4 个邻接三角面 f_{n0}、f_{n1}、f_{n2}、f_{n3} 不都存在。当 f_{n0}、f_{n1} 不存在时,点分裂时只生成 f_r;当 f_{n2}、f_{n3} 不存在时,点分裂时只生成 f_l。vsplit 和 ecol 的执行过程如图 4.23 所示。

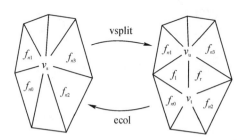

图 4.22　vsplit 和 ecol 的新定义

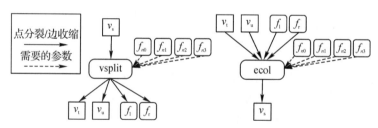

图 4.23　vsplit 和 ecol 的执行过程

当一个点分裂结构 vsplit(v_s,v_t,v_u,f_l,f_r,f_{n0},f_{n1},f_{n2},f_{n3})满足如下条件时,此点分裂才被执行:

1)v_s 是一个活动的顶点;

2)三角面集合$\{f_{n0},f_{n1},f_{n2},f_{n3}\}$中的每一个三角面都是活动的。

当一个边收缩结构 ecol(v_s,v_t,v_u,f_l,f_r,f_{n0},f_{n1},f_{n2},f_{n3})满足如下条件时,此边收缩才被执行:

1)v_t 和 v_u 都是活动的顶点;

2)与 f_l 和 f_r 邻接的三角面为$\{f_{n0},f_{n1},f_{n2},f_{n3}\}$。

4.2.2　多分辨率数据结构的实现

struct ListNode { //列表中的结点

　　ListNode * next; //若结点不在列表中则该指针为 0

```
        ListNode  * prev;
};
struct Vertex {
        ListNode active;//活动顶点 V 的列表
        Point point;        //存放顶点的 x、y、z 坐标
        Vector normal;//顶点法向量
        Vertex * parent;//若顶点在初始模型 M^0 中则该指针为 0
        Vertex * vt;        //若顶点在最终模型 M^n 中则该指针为 0；(v_u = v_t + 1)
        //当 v_t 不为 0 时,以下字段被使用
        Face * fl;              //(f_r = f_l + 1)
        Face * fn[4];        //存放指向 4 个邻接三角面 f_n0、f_n1、f_n2、f_n3 指针的数组
        RefineInforefine_info;
};
struct Face {
        ListNode active;//活动面 F 的列表
        int matid;//三角面的属性值
        //当面为活动面时,以下字段被使用
        Vertex * vertices[3];//存放按逆时针方向排列的三角面三个顶点的指针
        Face * neighbors[3];//存放指向三角面三个顶点对面的三角面指针
};
struct SRMesh {//选择性重建的格网
        Array<Vertex>vertices;      //存放模型中所有顶点的数组
        Array<Face>faces;            //存放模型中所有面的数组
        ListNode active_vertices;    //活动顶点列表的头结点
        ListNode active_faces;//活动面列表的头结点
};
```

4.3　基于视点的细化区域的定义

　　模型重建过程中,有时观察者可能只对模型的局部细节感兴趣,这时不需要对整个模型进行重建,只需要重建出感兴趣的局部区域即可。通过局部重建,只需要较少的数据量就可以满足用户对局部细节的需求。局部细化区域最简单的定义如图 4.24 所示,在选定的局部区域内,模型的 LOD 被恢复到最高层次,细节信息得到完全重建,在选定区域外部,保持最低的 LOD 层次。重建后模型表面上 LOD 的分布是不连续的,仅有最高和最低两个层次,即原始模型的最高分辨率和简化模型的最低分辨率。在细化区域的边界上,模型表面的 LOD 层次从最高直接降到最低,呈不连续分布,网格中三角形的大小发生剧烈变化,影响视觉效果。

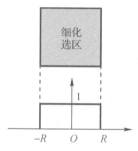

图 4.24　基于选择区域的局部细化区域

为了得到较好的模型绘制效果,需要在模型表面建立连续的 LOD 层次分布。本书通过分析人眼的视觉机制,合理定义了一个注视点区域作为细化区域,使得模型能够很好地模拟人眼的视觉效果。重建后,模型表面的 LOD 以观察者的注视点为中心连续分布,在注视点附近的区域,模型重建至最高分辨率,距离注视点较远的区域,模型的分辨率逐渐降低,直到最低分辨率。当注视点位置变化时,模型的 LOD 分布随之更新。

人眼视网膜是通过许多光感受器来接收外界光线,然后形成图像的。光感受器分为两种:杆细胞(rod)和锥细胞(cone),它们能够对光线做出反应,产生神经信号,但其敏感度是不同的。杆细胞在微光条件下比较敏感,通常在夜晚产生作用,而锥细胞在较明亮的光照条件下产生作用。这两种细胞在视网膜上的分布是不均匀的,分布情况如图 4.25 所示,可以看到在视区的中心部分,锥细胞的密度远远高于其他部分,最高可达 170 000 个/mm^2,而杆细胞分布很少。因此,视区中心部分是整个视网膜上视觉最敏锐的区域,离视区中心越远,视网膜对输入光信号的感知能力越差。基于这样的视觉原理,在进行模型绘制时,只需要对视觉敏感的视区中心部分进行高分辨率绘制,而对于远离视区中心的区域,采用低分辨率的模型即可。这种绘制方法称为基于视点的绘制。

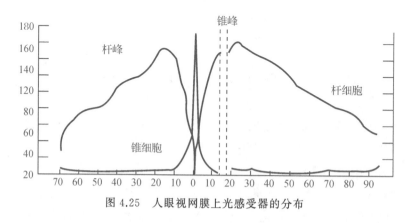

图 4.25　人眼视网膜上光感受器的分布

基于上述的人眼视觉机制,可以用二维投影平面上的一个点来模拟观察者的注视点,垂直于二维投影平面并指向屏幕内部的方向为视线方向。如图 4.26 所示,注视点区域(即选择性细化区域)由两个同心圆组成,半径分别为 R 和 r,它们的公共圆心即为注视点。在小圆内部,模型将被重建至最高 LOD 层次(与原始模型相同),在大圆外部,模型保持最低 LOD 层次(与简化模型相同),在两圆之间的区域,模型的 LOD 层次沿半径方向线性降低。

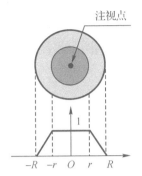

图 4.26　基于视点的细化区域

基于视点的细节层次控制技术通过视点参数的设定来控制场景中不同细节层次数据的分布,从而有效控制当前场景的绘制复杂度和绘制速度。基于视觉机制的绘制算法可以在保证视觉效果的前提下降低场景中视觉不敏感区域的显示分辨率,提高绘制速度。基于视点的 LOD 技术在一定程度上结合了人类的视觉感知特性,可以在连续细节层次控制中根据当前的视觉参数来控制细节层次的选择与分布,使得所绘制的模型更为用户所接受。

4.4　基于视点的 LOD 算法

算法的基本思想是在显示每一帧之前遍历活动顶点列表,对活动顶点列表中的每一个顶点进行相应的处理,如果该顶点满足分裂条件,则进行点分裂,如果满足收缩条件,则进行边收缩,如果两者均不满足,则保持该顶点的原始状态。遍历算法的核心代码如下所示:

```
procedure adapt_refinement()
{
    for each v∈V
    if v.vt and qrefine(v)
        force_vsplit(v)
    else if v.parent and ecol_legal(v.parent) and not qrefine(v.parent)
        ecol(v.parent)
}
procedure force_vsplit(v')
    stack ← v'
    while v ← stack.top()
    if v.vt and v.fl ∈ F
        stack.pop()
    else if v ∉ V
```

```
        stack.push(v.parent)
    else if vsplit_legal(v)
      stack.pop()
      vsplit(v)
    else for i ∈ {0...3}
    if v.fn[i] ∉ F
      stack.push(v.fn[i].vertices[0].parent)
}
```

应用上述算法,对实验数据进行基于视点的多分辨率绘制,效果如图 4.27 所示。

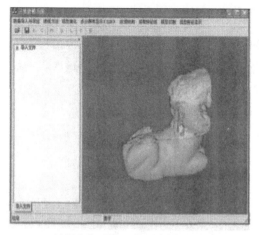
注视点位于模型下部（实体模型）

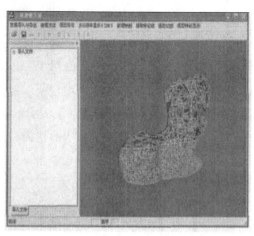
注视点位于模型下部（网格模型）

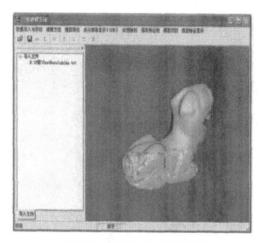
注视点位于模型上部（实体模型）

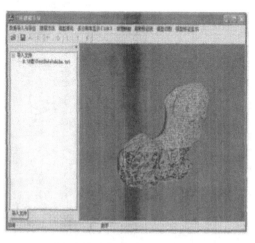
注视点位于模型上部（网格模型）

图 4.27　基于视点的 LOD 绘制

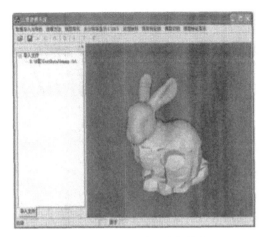 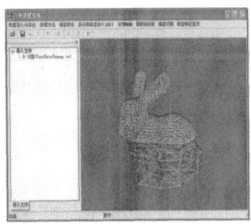

注视点位于模型上部（实体模型）　　　　　注视点位于模型上部（网格模型）

续图 4.27　基于视点的 LOD 绘制

第 5 章　纹理映射与特征信息提取

5.1　纹理映射技术的研究背景

纹理映射技术最早是由 Catmull 在 1974 年率先提出的,Catmull 首先找到了以 (u,v) 表示的双变量实数空间(纹理空间)和以参数 (s,t) 表示的三维曲面之间的对应关系(映射关系)。为了计算三维曲面上每一点的彩色值,Catmull 使用了一个二维矩形数组,该数组的位置表示 (u,v) 的参数值,数组的值表示 (u,v) 点对应的彩色值。然后应用上面找到的映射函数将每一点 (u,v) 及其对应的彩色值映射到相应的三维曲面上,在三维曲面上得到了彩色图案。但是在 Catmull 的算法中,被映射的值仅限制为纹理图案的彩色值。Blinn 和 Newell 在 1976 年提出了"反射映射"技术,他们在光照模型中考虑了纹理图案的镜面反射系数和高光值,从而改进了经纹理映射后的图形质量。在 1978 年,Blinn 又提出了另一种纹理映射技术——凹凸映射,利用一个扰动函数扰动物体的表面法向矢量来模拟有随机法向矢量的粗糙表面纹理,实现了在光滑的物体表面附上粗糙纹理的方法。对于多面体表示的曲面,由于其表面难以参数化,不能采用 Catmull 方法与 Blinn 方法实现纹理映射。Bier 与 Sloan 于 1986 年提出了一种适用于一般三维曲面的两步纹理映射方法。核心思想是引进一个包围景物的中介曲面为媒介,并把纹理空间到景物空间的映射分解为两个简单映射的复合,该方法不需要对景物表面进行参数化。

5.2　文物模型纹理映射的特点

文物模型纹理映射与一般场景纹理映射相比有自己的特殊性,首先,文物模型表面曲率变化一般比较明显,不能直接实现曲面的参数化,这为实现纹理映射增加了难度。其次,文物模型需要添加真实的纹理信息才具有一定的观赏和研究价值,而且几何模型与纹理图像之间必须精确对应才能还原真实的文物。针对这些特殊性,本书提出了适用于文物模型的纹理映射方法,取得了很好的映射结果。

5.3 纹理映射的实现

5.3.1 选取特征点对

Vivid9i 在获取文物三维点云数据的同时,可以拍摄该文物在同一视点下的彩色图像,自带相机采集的彩色图像以数组形式表示,数组的每一个元素表示图像中的一个像素,由红、绿、蓝颜色值以及透明度组成。每个像素点的坐标 (u,v) 由该像素在图像上自左向右的列数和自上向下的行数确定。

文物几何模型与每一幅文物彩色图像之间的透视投影关系都可以由一个透视投影矩阵 $\textbf{\textit{M}}$ 唯一确定,可以利用投影矩阵对模型各点进行纹理映射。由相机的透视投影成像原理可以得出以下公式:

$$z_c \begin{bmatrix} u \\ v \\ 1 \end{bmatrix} = \textbf{\textit{M}} \begin{bmatrix} x \\ y \\ z \end{bmatrix} \tag{5.1}$$

其中,(x_c, y_c, z_c) 为点 P 在相机坐标系下的坐标,(u,v) 为点 P 在图像坐标系下的坐标,(x,y,z) 为点 P 在空间坐标系下的坐标,$\textbf{\textit{M}}$ 为 3×4 矩阵,称为透视投影矩阵。

为了建立几何模型与纹理图像之间的对应关系,需要求出透视投影矩阵 $\textbf{\textit{M}}$,我们通过选择一些几何模型与彩色图像之间的特征点对,即几何模型上的一个顶点 P 和其在彩色图像上的对应像素 p,然后把点 P 的 (x,y,z) 坐标与点 p 的 (u,v) 坐标分别代入式(5.1),即可求出 $\textbf{\textit{M}}$。本书采用手工标定来确定特征点对,通常选择文物在几何和颜色信息上容易识别的位置作为特征点。

5.3.2 计算透视投影矩阵

设标定了 n 组特征点对 (P_i, p_i),P_i 的坐标为 (x_i, y_i, z_i),p_i 的坐标为 (u_i, v_i),分别代入式(5.1),可得

$$z_{ci} \begin{bmatrix} u_i \\ v_i \\ 1 \end{bmatrix} = \begin{bmatrix} m_{11} & m_{12} & m_{13} & m_{14} \\ m_{21} & m_{22} & m_{23} & m_{24} \\ m_{31} & m_{32} & m_{33} & m_{34} \end{bmatrix} \begin{bmatrix} x_i \\ y_i \\ z_i \\ 1 \end{bmatrix} \tag{5.2}$$

使用一组特征点对的坐标,可以得到关于矩阵 $\textbf{\textit{M}}$ 元素的两个方程,选定 n 组点对,会有 $2n$ 个关于 $\textbf{\textit{M}}$ 元素的线性方程,由于 $\textbf{\textit{M}}$ 中共含有 12 个元素,理论上当 $n=6$ 时,即可求出 $\textbf{\textit{M}}$。为了降低误差造成的影响,我们通常选取多于 6 组的特征点对,使用最小二乘法求解。

求出 $\textbf{\textit{M}}$ 后,就可以利用式(5.1)计算文物几何模型上任意一点的图像坐标,即纹理坐标,然后取出该纹理坐标处的纹理值,赋给模型上的对应点。

本书首先对石狮和小兔子的数据分别采用第 2 章中给出的 MC 方法建模,得到原始模型,然后用上述纹理映射方法把纹理映射到模型上,图 5.1 为映射结果。

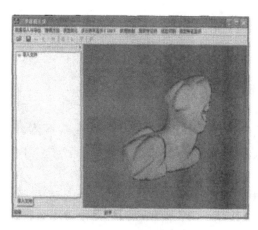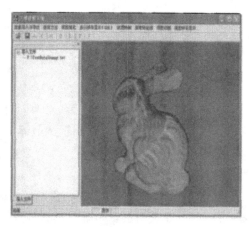

石狮模型映射结果　　　　　　　　　　　小兔子模型映射结果

图 5.1　模型的纹理映射

5.4　特征信息提取

5.4.1　模型特征线提取

特征线是指模型中有代表性的边,这些边可以表示出模型的大致轮廓。特征线一般是模型中两个三角面的公共边,而且要求这两个三角面的交角大于特征角。根据不同的提取要求,可以设置不同的特征角阈值。

激光扫描数据形成的距离图像与通常的二维灰度图像有本质的区别,它是以三维离散坐标的形式描述被扫描物体的表面几何信息,数据点之间不存在拓扑关系,无可视边界,所以针对二维灰度图像的特征提取算法不能直接用于三维距离图像,可以先对激光扫描原始数据重采样生成栅格图像,然后再提取出模型的特征线。其中二维图像提取特征线的结果如图 5.2 所示,左边为原始图像,右边是提取特征线后的图像。三维模型特征边提取结果如图 5.3 所示。

图 5.2　二维图像的特征线提取

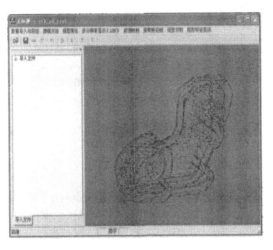

石狮模型特征边提取结果图（特征角为25°）

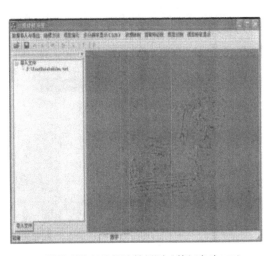

石狮模型特征边提取结果图（特征角为35°）

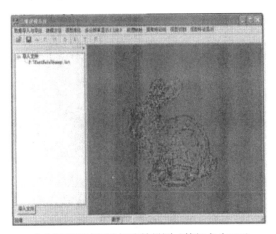

小兔子模型特征边提取结果图（特征角为25°）

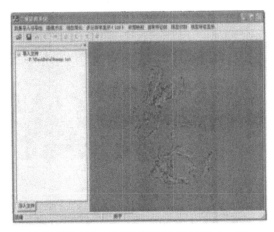

小兔子模型特征边提取结果图（特征角为35°）

图 5.3　三维模型特征边提取

5.4.2　模型剖面提取

实现方法:首先定义一个平面,然后用此平面对模型进行切割。平面的定义方法有多种,本书采用设定平面上的一点及平面的法向量的方法来确定平面。重建的三维表面几何模型是用三角面片逼近的,经剖切操作后,保留部分应还是一个完整的表面模型。因此,必须对切割生成的边界进行三角剖分,将三角剖分生成的三角形序列加入到切割保留的表面模型中。

假定平面上一点的 x、y、z 坐标为 $(0,10,0)$,平面的法向量为 $[0\ \ 1\ \ 0]$,用这个平面分别去切割两个不同的模型,结果如图 5.4 所示。

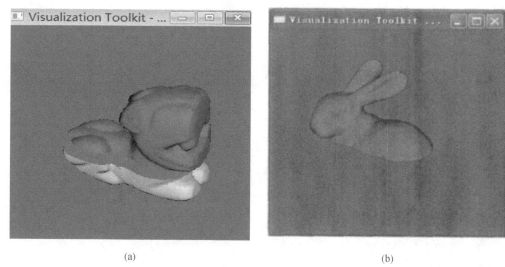

(a)   (b)

图 5.4　模型切割

（a）用平面切割石狮模型；（b）用平面切割小兔子模型

在模型切割的同时，可以提取出切割产生的剖面，提取结果如图 5.5 所示。

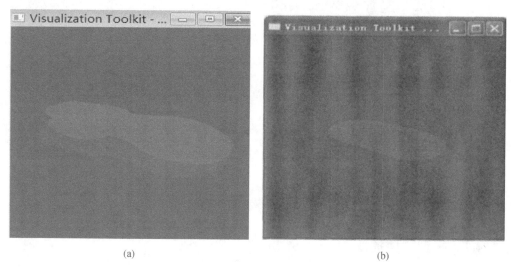

(a)   (b)

图 5.5　剖面提取

（a）石狮模型的剖面提取；（b）小兔子模型的剖面提取

5.4.3　模型轮廓线及表面法向量提取

模型的轮廓线在三维数据场的可视化中也是非常重要的特征信息，可以由一个序列的二维轮廓线重构出由面模型表示的三维形体，在医学数据可视化和地形数据可视化中，轮廓线更有着广泛的应用。因此，本书在建模的过程中提取出了模型的轮廓线，提取方法为：首先定义一个平面，然后在一定范围内移动此平面对模型进行切割，分别求出平面与模型的交线,即可得到一组轮廓线,提取结果如图 5.6 所示。

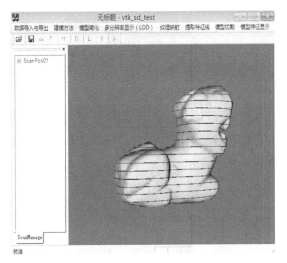

图 5.6　轮廓线提取

三维模型一般是由空间三角形构成的,要将它显示为具有真实感的图形需要进行表面法向量计算。当采用光照模型照亮它时,只要知道网格体表面某一点的法向量,就可算出该点的明暗程度。为了保证生成具有真实感的图形,需要根据三角面所处的位置,决定其法向量的计算方法。根据构成模型的三角面所处位置的不同,分两种情况进行考虑:

1)对于变化比较剧烈区域的三角面,直接计算三角面法线矢量,并将其作为各顶点的法向量。法向量计算方法:设 v_1、v_2、v_3 为三角面的 3 个顶点,其外积 $[v_1-v_2]\times[v_2-v_3]$ 即为各顶点的法向量。如图 5.6 中的 R 点要分别处理交界面上的法线。

2)对于构成光滑曲面的三角面,若采用以上方法计算法向量,由于每个平面上所有的点都具有相同的法向量,而不同平面块之间存在不连续的法向量跳跃,当网格体中相邻的两个平面多边形的法向量变化很大时,就会产生明显的拼接痕迹,显示图形的真实感会降低。为了生成具有光滑变化且有明暗程度的真实感图形,本书对计算法向量的算法进行改进。如图 5.7 所示,为了计算 P 点的法向量,首先用上述的方法计算相邻各三角面的法线矢量 n_1、n_2、n_3、n_4、n_5、n_6,然后为避免在相邻平面上某个法线值过大,对求出的 $n_1+n_2+n_3+n_4+n_5+n_6$ 做归一化处理,即为 P 点的法线。

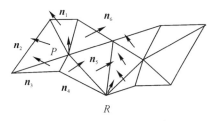

图 5.7　计算法向量的示意图

利用上述求法向量的方法,本书求出了模型上各点的法向量,并把它显示出来,如图 5.8所示。

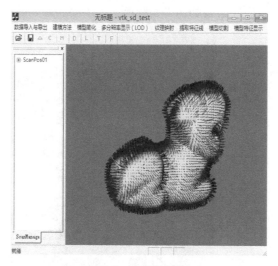

图 5.8　法向量提取

第6章　面向文物的三维信息可视化实用系统开发

本书在深入研究以上三维信息可视化关键技术的基础上,开发了一个面向文物的三维信息可视化系统,即 3D SuperModelling1.0。该系统主要用于物体的三维建模,可以重建出具有准确几何信息和照片真实感的三维模型,还可以使用该系统的其他功能模块对模型进行各种可视化处理。本书结合国家"十五"科技攻关项目——考古探测与信息提取试验研究专题,把该系统应用到工程上,分别实现了金沙遗址考古探测信息的可视化和三星堆精美文物的可视化。

6.1　系统的结构与功能

此可视化系统包含七个模块,分别为数据导入与导出、三维重建、模型简化、多分辨率实时绘制、纹理映射、模型切割、特征信息提取。系统结构如图 6.1 所示。

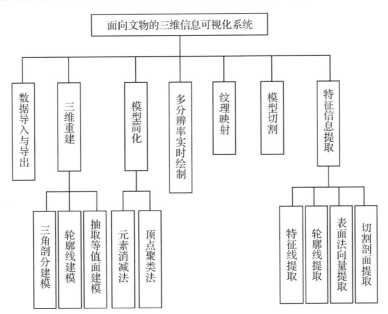

图 6.1　系统功能结构图

每一模块的功能如下:数据导入与导出模块可以完成多种不同格式的文件的导入与导出,还可以实现不同格式的三维模型文件之间的互相转换;三维重建模块包含三种建模方法,分别是三角剖分建模、轮廓线建模和 Marching Cubes 建模;模型简化模块包含两种简化方法,分别是元素消减法和顶点聚类法;多分辨率实时绘制模块可以实现模型的不同分辨率显示,其中用户需要设置参数的初始值,用来决定模型初始显示的分辨率,然后按照一定的比例,模型显示的分辨率逐渐增加;纹理映射模块可以由用户读入一幅纹理图像,并把纹理映射到模型;模型切割模块实现对模型的切割处理;特征信息提取模块可以提取出模型的特征线、轮廓线、表面法向量及切割剖面。

6.2 系统的输入与输出

6.2.1 输入

该软件处理的数据主要是通过三维激光扫描仪获取的文物表面的采样点集合,这种采样点集的特点是数据稠密、采样均匀、数据量比较大。由于在三维扫描过程中会受到周边环境、待扫描物体表面属性等因素的影响(例如,扫描中不可避免的噪声影响;对于拓扑结构复杂的物体表面,在采样时可能会出现因遮蔽而造成孔洞),初始获取的点云数据需要经过预处理才能直接输入到该软件。因此,初始获取的点云数据必须首先进行去除噪声、补洞等基本预处理,才能应用于后续的建模和绘制。

对于需要建模的点云数据采用文本文件进行输入,输入格式:每一行由点的 x 坐标、y 坐标、z 坐标组成,之间用空格相隔,输入数据精确到小数点后六位。该软件还可以导入多种格式的三维模型数据,并实现它们的可视化。这些三维模型数据格式包括:PLY(* .ply)、Wavefront(* .obj)、VRML(* .wrl)、STL(* .stl)、3D Studio Mesh(* .3ds)、MOVIE(* .g)、RAW(* .raw)等。

6.2.2 输出

数据导出可以实现把点云数据经过建模后的模型转换为如下几种格式的文件:PLY(* .ply)、Wavefront(* .obj)、VRML(* .wrl) > STL(* .stl) > Openinventor 2.0 files(* .iv)、MOVIE(* .g)等,还可以实现不同格式的三维模型文件之间的互相转换。输出格式的具体含义如下:

PLY(* .ply):三维模型处理软件 PolyWorks 的常用文件格式。

Wavefront(* .obj):三维模型处理软件 PolyWorks 的常用文件格式。

VRML(* .wrl):虚拟场景浏览中模型常用文件格式。

STL(* .stl):STL(stereo lithography)立体光造型文件,是三角网格模型的一种存储格式,3dmax 中常用文件格式。

OpenInventor 2.0 files(* .iv):OpenInventor 工具软件的常用文件格式。(注:OpenInventor 是基于 opengl 的高级三维可视化函数库。)

MOVIE(* .g):VTK 常用文件格式。

6.3　开发环境与系统界面

采用 C++语言,在 Visual C++6.0 开发平台上进行开发,同时引入三维可视化工具包 VTK,利用其强大的图像处理功能辅助系统的开发。系统界面如图 6.2 所示。

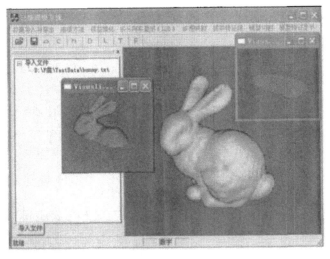

图 6.2　系统界面

参 考 文 献

[1] BESL P J, MCKAY N D. A method for registration of 3 – D shapes [J]. IEEE Transactions on Pattern Analysis and Machine Intelligence, 1992, 14(2):239 – 256.

[2] SCHROEDER W J,MARTIN K M,LORENSEN W E.The design and implementation of an object-oriented toolkit for 3D graphics and visualization[C]//Proceedings of Seventh Annual IEEE Visualization'96, October 27 – November 1, 1996, San Francisco, USA:IEEE, 1996: 93 – 100.

[3] ALLEN P,STAMOS I,TROCCOLI A,et al.3D modeling of historic sites using range and image data[C]//Proceedings of the IEEE International Conference on Robotics and Automation, 2003:45 – 150.

[4] SCHROEDER W J, AVILA L S, MARTIN K M.The visualization toolkit user's guide:updated for vertion 4.0[M].New York:Kitware Corporation,1998.

[5] ALLEN P K, TROCCOLI A ,SMITH B ,et al. New methods for digital modeling of historic sites [J].IEEE Computer Graphics and Applications, 2003,23(6):32 – 41.

[6] YOKOYA N, LEVINE M D. Range image segmentation based on differential geometry: A hybrid approach [J]. IEEE Transactions on Pattern Analysis and Machine Intelligence, 1989, 11 (6):643 – 649.

[7] HOPPE H.Progressive meshes [C]//Proceedings of the 23rd Annual Conference on Computer Graphics and Interactive Techniques, SIGGRAPH, 1996:99 – 108.

[8] PAJAROLA R. Fastmesh: efficient view-dependent meshing [C]//Proceedings Ninth Pacific Conference on Computer Graphics and Applications,Tokyo, Japan:Pacific Graphics, 2001: 22 – 30.

[9] GARLAND M,HECKBERT P S. Surface simplification using quadric error metrics [C]//Proceedings of the 24th Annual Conference on Computer Graphics and Interactive Techniques ,SIGGRAPH ,1997.

[10] LINDSTROM P, TURK G. Evaluation of memoryless simplification[J]. IEEE Transactions on Visualization and Computer Graphics, 1999,5(2): 98 – 115.

[11] CAMPAGNA S, KOBBELT L, SEIDEL H. Efficient decimation of complex triangle meshes[D]. University of Erlangen-Numberg, 1998.

[12] KOBBELT L,CAMPAGNA S,SEIDEL H.A general framework for mesh decimation[J]. Graphics Interface,1998,98: 43 – 50.

[13] DONG W, LI J, KUO J. Fast mesh simplification for progressive transmission [C]//IEEE International Conference on Multimedia and Expo., ICME, 2000.

[14] CHENANG K M, DONG W L, LI J K, et al. Postprocessing of compressed 3D graphic data[J]. Journal of Visual Communication and Image Representation, 2000, 11(1):80 - 92.

[15] HU J H, YOU S Y, NEUMANN U. Approaches to large-scale urban modeling[J]. IEEE Computer Graphics and Applications, 2003, 23(6): 62 - 69.

[16] LUEBKE D. Hierarchical structures for dynamic polygonal simplification, TR 96 - 006, Department of Computer Science[M]. University of North Carolina at Chapel Hill, 1996.

[17] XIA J, VARSHNEY A. Dynamic view-dependent simplification for polygonal models [C]//Proceedings of Seventh Annual IEEE Visualization '96. San Francisco, USA, IEEE, 1996:327 - 334.

[18] XIA J C, EL-SANA J, VARSHNEY A. Adaptive real-time level-of-detail-based rendering for polygonal models[J]. IEEE Transactions Visualization and Computer Graphics, 1997, 3(2):171 - 183.

[19] J El-SANA J, VARSHNEY A. Generalized view-dependent simplification[J]. Computer Graphics Forum, 1999, 18(3):83 - 94.

[20] HOPPE H. View-dependent refinement of progressive meshes[C]//Proceedings of the ACM SIGGRAPH Conference on Computer Graphics. Los Angeles: ACM Press, 1997: 189 - 198.

[21] HOPPE H. Efficient implementation of progressive meshes [J]. Computers & Graphics, 1998, 22(1):27 - 36.

[22] KIM J, LEE S. Truly selective refinement of progressive meshes [J]. Proc. Graphics Interface, 2001:101 - 110.

[23] DE FLORIANI L, MAGILLO P, PUPPO E. Building and traversing a surface at variable resolution[C]//Proceedings of Visualization '97 (Cat. No. 97CB36155). Phoenix, AZ, USA, IEEE Visualization, 1997:103 - 110.

[24] DE FLORIANI L, MAGILLO P, PUPPO E. Efficient implementation of multi-triangulations[C]//Proceedings Visualization '98 (Cat. No.98CB36276). Research Triangle Park, NC, USA, IEEE Visualization, 1998:43 - 50.

[25] DE FLORIANI L, MAGILLO P, MORANDO F, et al. Dynamic view-dependent multiresolution on a client-server architecture[J]. Computer-Aided Design, 2000, 32(13):805 - 823.

[26] LUEBKE D, ERIKSON C. View-dependent simplification of arbitrary polygonal environments [C]//Proceedings of the 24th annual conference on Computer graphics and interactive techniques - SIGGRAPH '97, ACM, 1997: 199 - 208.

[27] SZELISKI R, SHUM H. Creating full view panoramic image mosaics and environ-

ment map[C]//Proceedings of the 24th Annual Conference on Computer Graphics and Interactive Techniques - SIGGRAPH'97, ACM, 1997: 251 - 258.

[28] LINDSTROM P,KOLLER D, RIBARSKY W,et al.Real-time, continuous level of detail rendering of height fields[C]//Proceedings of the 23rd Annual Conference on Computer Graphics and Interactive Techniques, ACM, 1996: 109 - 118.

[29] DUCHAINEAU M, WOLINSKY M, SIGETI D E,et al. Roaming terrain: real-time optimally adapting meshes[C]//Proceedings of Visualization'97 (Cat. No. 97CB36155). Phoenix, AZ, USA, IEEE Visualization,1997:81 - 88.

[30] LINDSTROM P, PASCUCCI V. Visualization of large terrains made easy[C]// Proceedings of Visualization, 2001. VIS'01. San Diego, CA, USA, IEEE Visualization, 2001: 363 - 370.

[31] KLEIN R, COHEN-OR D, HUTTNER T. Incremental view-dependent multiresolution triangulation of terrain[C]//Proceedings of the Fifth Pacific Conference on Computer Graphics and Applications. Seoul, South Korea. IEEE Comput. Soc, 1997: 127 - 136.

[32] ALLEN P,STAMOS I , TROCCOLI A , et al.3D modeling of historic sites using range and image data [C]//IEEE International Conference on Robotics and Automation (Cat. No.03CH37422). Taipei, China. IEEE,2003:145 - 150.

[33] ROSSIGNAC J, BORREL P. Multi-resolution 3D approximations for rendering complex scenes [M]//Modeling in Computer Graphics. Berlin, Heidelberg: Springer Berlin Heidelberg, 1993: 455 - 465.

[34] LUEBKE D P. A developer's survey of polygonal simplification algorithms[J]. IEEE Computer Graphics and Applications, 2001,21(1):24 - 35.

[35] SCHROEDER W, ZARGE J A, LORENSEN W. Decimation of triangle meshes [J].Computer Graphics,1992, 26(2): 65 - 70.

[36] HOPPE H. Smooth view-dependent level-of-detail control and its application to terrain rendering[C]//Proceedings Visualization '98 (Cat. No.98CB36276). Research Triangle Park, NC, USA. IEEE,1998:35 - 42.

[37] DE FLORIANI L, MARZANO P, PUPPO E. Multiresolution models for topographic surface description[J]. The Visual Computer,1996, 12(7):317 - 345.

[38] ROCKWOOD A, HEATON K, DAVIS T. Real-time rendering of trimmed surfaces[J]. Computer Graphics ,1989,23: 107 - 116.

[39] EVANS F, SKIENA S, VARSHNEY A. Optimizing triangle strips for fast rendering [C]// Proceedings of Seventh Annual IEEE Visualization'96 ,October 27,1996: 319 - 326.

[40] FUNKHOUSER T, SEQUIN C. Adaptive display algorithm for interactive frame rates during visualization of complex virtual environments[C]//Proceedings of the 20th Annual Conference on Computer Graphics and Interactive Techniques,

Anaheim CA. ACM,1993：247 - 254.

[41] BAJAJ C L，SCHIKORE D R. Error-bounded reduction of triangle meshes with multivariate data[J]. SPIE ,1996；34 - 45.

[42] GUEZIEC A. Surface simplification with variable tolerance[C]// Proceedings of the Second International Symposium on Medical Robotics and Computer Assisted Surgery，1995：132 - 139.

[43] KIRKPATRICK D. Optimal search in planar subdivisions[J].SIAM Journal on Computing,1983,12(1):28 - 35.

[44] LOUNSBERY M，DEROSE T，WARREN J. Multiresolution surfaces of arbitrary topological type[J]. ACM Transactions on Graphics,1997,16(1)： 34 - 73.

[45] CIGNONI P，PUPPO E，SCOPIGNO R. Representation and visualization of terrain surfaces at variable resolution[J].Visual Computer，1997，13(5)：199 - 217.

[46] WEILER K. Edge-based data structures for solid modeling in curved-surface environments[J].IEEE Computer Graphics and Applications，1985,5(1):21 - 40.

[47] MULLER D E，PREPARATA F P. Finding the intersection of two convex polyhedra[J]. Theoretical Computer Science,1978,7(2):217 - 236.

[48] BAUMGART B. A polyhedron representation for computer vision [C]// Proceedings of the National Computer Conference and Exposition，1975:589 - 596.

[49] CAMPAGNA S,KOBBELT L,SEIDEL H P.Directed edges—a scalable represensentation for triangle meshes[J].J. Graphics Tools，1998,3(4):1 - 12.

[50] PAJAROLA R. Efficient implementation of real-time view-dependent multiresolution meshing[J]. IEEE Transactions on Visualization and Computer Graphics,2004,10(3):353 - 368.

[51] SHIRMAN L A,ABI-EZZI S S. The cone of normals technique for fast processing of curved patches[J]. Computer Graphics Forum，1993，12(3)：261 - 272.

[52] 唐泽圣,等.三维数据场可视化[M].北京:清华大学出版社,1999.

[53] 梁荣华,陈纯,潘志庚,等.一种面向三维点集的快速表面重构算法[J].中国图象图形学报(A辑),2003,8A(1):63 - 67.

[54] 徐建华.现代地理学中的数学方法[M].2版.北京:高等教育出版社,2002.

图4.17 视锥简化示例，模拟视锥显示为透明的黄色棱锥
（在69 451个面中渲染了58%或40 881个面）

图4.18 对于显示的视锥的背面简化示例
（在12 946个面中渲染了52%或6 750个面）

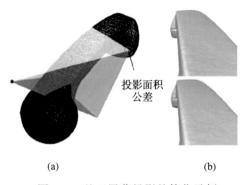

(a)　　　　　　　(b)

图4.19 基于屏幕投影的简化示例
（a）基于屏幕投影的简化示例，投影公差$\tau=1/2^{10}$，渲染率为32%，即165 963中的53 433；
（b）上方为没有简化的图像（165 963个面），下方为具有屏幕投影简化的视图（53 433个面）

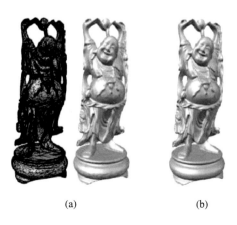

(a)　　　　　　　(b)

图4.20 基于着色公差的简化示例
（a）容许角法线方向偏差为$\varphi=15°$，渲染率为66%，即100 000个面中的66 024个面；
（b）相应的全分辨率网格

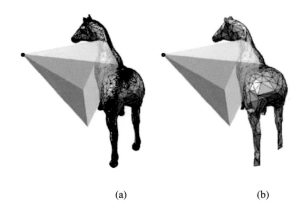

(a)   (b)

图4.21　渲染时轮廓保留与不保留的效果图
（a）轮廓保留示例，在96 966个面中渲染了17%或17 416个面；
（b）在不保留轮廓的情况下，渲染了96 966个面中的1%或1 312个面

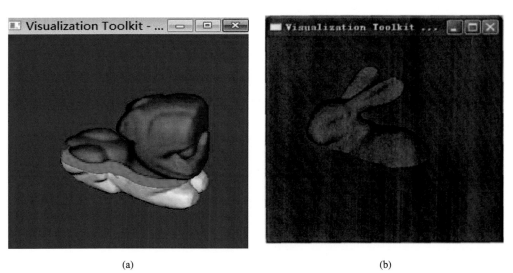

(a)   (b)

图5.4　模型切割
（a）用平面切割石狮模型；（b）用平面切割小兔子模型

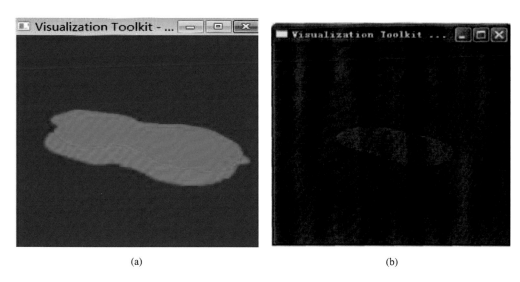

(a)   (b)

图5.5　剖面提取
（a）石狮模型的剖面提取；（b）小兔子模型的剖面提取

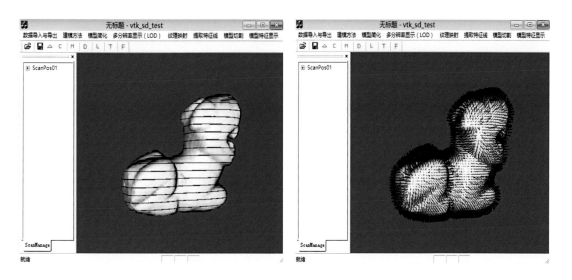

图5.6　轮廓线提取　　　　　　　　　　图5.8　法向量提取